線形代数入門

理論と計算法 徹底ガイド

松本和一郎 著

共立出版

まえがき

　線形代数学は演算としては「和・差・積・商」のいわゆる「四則演算」しか用いない．その限りにおいては小学生にも理解できる学問に思える．しかし，意外にも線形代数学は「わかりにくい科目」とされている．その理由は，同じく基礎科目の微積分学に比べて抽象的だからであろう．もともと，「線形代数学」という名前で呼ばれる分野の教育は「ベクトルおよび行列と行列式」の運用を教えていた．しかし，20世紀半ばにこれらの道具はもっともっと広い分野に応用できることが見通せてきた．いろいろな場面で使えるように，本質的なアイデアを絞り込むと同時に概念の抽象化もなされた．「汎用化」のための避けられない道である．そのような経緯を経てこの分野を新しい名前「線形代数学」と呼ぶようになった．その結果，抽象的な「概念の構成」が重要な位置を占めることになった．「わかりにくい」とされる理由は，高等学校までに慣れ親しんでいない「抽象的な概念を定義し，その意味するところのイメージを自分なりに構築していかなければならない」ことにある．だから四則演算しか使わないのに大学で教えるのである．しかし，「本質を絞り込んだ」ために理解すべき概念は少数に絞り込まれたし，ベクトル空間の構造は「次元」にのみ依存し，有限次元である限り，次元が異なっても本質的差はないから，理解すべき内容は少ない．究極，「線形性」が意味するところをつかめば線形代数学は理解できたといってよい．この一点を目指して整然とした短い階段を上るのであるから，その気になって学べば難しくない．ただ，短い階段の割に，極めて豊穣な成果に幻惑されるということはあるかもしれない．今までの教育は，この「抽象的」であるが「ワンパターン」である，という事情を学生に提示しないまま行われた

から,「わかりにくい」と思われたのではなかろうか.（以下,「学」をとって気軽に「線形代数」と呼ぶことにする.）

　この教科書では,「連立一次方程式をいかに合理的に解くか」を課題として,この課題をいろいろな切り口で考察する. 1つの課題に対してもいろいろな見方があり,それぞれが異なった見え方を提供すること,そしてその多面的見え方が問題の「幾通りもある解法」を提供し,幾通りもある解法の中から「問題の質」（定性的か定量的か,理論か具体的計算か,など）に応じてベストを選ぶことで問題を自然にかつ楽に解くことができることを学んでほしい.さらに,得られた知見は連立一次方程式を合理的に解くという目的を遥かに超えて広く多方面に応用される.「エビを釣ろうとしてタイを釣ってしまった」の感がある.この教科書では主に数ベクトル空間を扱うが,線形代数の構造は広く他分野の背景にも存在する.微積分も「局所的線形代数」である.多重積分の積分変数の変換を行うと,ヤコビアンとして行列式が出現するのもその現れである.ベクトル空間を一般化して（適当な条件を満たす）函数の全体をベクトル空間と見ると,本書の後半で解説する「固有値と固有ベクトル」のアイデアが,ある設定のもとで微分方程式の解法に拡張できる.フーリエ級数はその典型である.夢は広がる.

　さて,定義を言葉の暗記と捉えている限り,線形代数の理解は不可能である.定義は,その「意味するところのイメージ」が伴わないと,使い物にならない.そのイメージとはどんなものかというと,それは各自が自分にわかりやすいものであれば何でもよい.本書では,筆者が定義を素直に反映していると思うイメージについて例示するが,読者はそれに囚われることなく自分のイメージを構築してもらいたい.

　その助けとなるように,それぞれの概念が「何をもたらすか？」を明確にすることに努めた.たとえば,「線形独立」の概念が何をもたらすか,を明確にするために,「内積」と内積を用いた「直交」の概念の導入をなるべく後に回した.内積は便利なものであるし,われわれの感性に沿うものであるから活用しない手はないのであるが,一方,内積の概念なしに「線形性」の概念は成立する.すなわち,内積の概念がなくても線形代数の理論は創れるのである.もちろん,この見方は理論の構成に重点をおいたものであるから,実用に主眼をおく学習者はベクトルと行列の学習がすんだら,第7章「ユークリッド空間と外

積」を先に学び始めてもいっこう構わない．

一方，概念が構成できても，具体的計算において計算の手間が長いと，間違いも多く億劫になる．「使える道具」であるためには，なるべく手数が少なくわかりやすい計算方法でなければならない．また，人間は忘れる動物であるから，忘却してもちょっと復習すれば思い出せるような単純な計算法が望ましい．このために，計算方法の整備には心を砕いた．1つの概念に最低1つの例題をあてて，計算可能な概念にはすべて筆者が最も単純明解であると考える計算の仕方を与えた．本書のタイトルを「理論と計算法 徹底ガイド」とした所以である．

取り上げた内容は，「固有値と固有ベクトル」の基礎が語れる最小限に絞り込んだ．筆者が龍谷大学で担当する線形代数の講義で扱う範囲をカバーし，それをなるべく超えないためである．悲しいことであるが，最近の学生の傾向として，厚い本・抽象的な本ははなから読まない．この教科書にして，学生にとっては抽象的との印象をまぬかれないであろうから，せめて，厚くなることを避けるために内容を絞り込んだ．

証明を省略して抽象性を避けることや本の厚さを抑えることはしなかった．実践で遭遇する問題は，教科書に載っているような典型的なものである場合は却って少ない．教科書の定理や例題をちょっと修正して用いることが多い．どのように変えることは許されて，どのように変えると間違いになってしまうか，証明のポイントを押さえておかないと判断できない．「うまくいく」仕組みの理解が肝要である．

あわせて，日本人が一般に不得手の「論理的に考える」ことを，この教科書の学習を通じて学んでほしいと強く願うから，証明抜きに「とにかく信じなさい」ということは避けた．「国際化時代」である．少なくとも欧米では社会一般のことがらについても論理的思考が前提になっている．（欧米の政治家や企業人が論理的に振る舞っているかといえばそうでもない．しかし，特殊な人を除けば，論理的思考をした上で実利に沿って非論理的に行動していると推察される．論理的思考なしに非論理的に行動しているのではないのである．）国際化時代には，こういう人々とも対等に渡り合わなければならない．

さらに深い内容や応用分野の紹介，線形代数学を超えた発展については，本文の後で短く触れた．

本書を恩師 松田 孝 先生に捧げる．松田先生は，筆者の中学時代の英語の先生で，2・3年のときの担任でもあった．誠に申し訳ないことではあるが，習った英語は80％がどこかへ行ってしまった．代わりに，「文化とは何であるか，人間が生きるということはどういうことであるか」という問題に関して，先生が強く培ってきたものを見よう見まねで学ばせていただいた．学び間違っていないことを密かに念じている．先生は，筆者たちが中学を卒業すると同時に高等学校の先生に転じられ，高校を定年でおやめになった後は大学の教授になられた．ジェイムズ・ジョイスを研究し，ご自身でも小説・随筆を書かれた．ジョイス学会出席の帰りに京都を訪れてくださって，共に鞍馬の山を散策したことが強く心に焼き付いている．筆者は，国内にいる限り，夏休みに必ず先生を訪れた．特に学生時代は奥様へのご迷惑をかえりみず，徹夜で話し通すことが普通であった．昨年夏，明日お会いするという日に，先生は交通事故に遭われてひどい怪我をなされた．幸い，驚異的に回復されて，安堵しているところである．今日，筆者が今の私である礎は松田先生にある．

　　　　　　　　　　　　　　　　　　　　　　2007年9月　北白川の寓居にて

　　　　　　　　　　　　　　　　　　　　　　　　　　　松本 和一郎

目　　次

第 0 章　集合と論理　　1
- 0.1　集合　………………………………………………………　1
- 0.2　論理　………………………………………………………　3

第 1 章　連立一次方程式の解法　　6
- 1.1　ガウス–ジョルダンの消去法　………………………………　6
  - 1.1.1　連立一次方程式の消去法による解法　…………………　6
  - 1.1.2　行列による連立一次方程式の表現　……………………　8
  - 1.1.3　ガウス–ジョルダンの消去法（掃き出し法）　……………　9
- 1.2　まとめ　………………………………………………………　16
  - 1.2.1　目標　……………………………………………………　16
  - 1.2.2　許される手続き（行に関する基本変形）　………………　16
  - 1.2.3　ガウス–ジョルダンの消去法の手順　……………………　16
  - 1.2.4　ガウス–ジョルダンの消去法を人間が実行するとき，気をつけること　……………………………………………　18
  - 1.2.5　式に文字が含まれる場合　………………………………　20

第 2 章　数ベクトル空間　　23
- 2.1　行列と数ベクトルの積　………………………………………　24

- 2.2 スカラー ... 26
- 2.3 数ベクトル空間と演算 ... 27
- 2.4 線形結合, 線形独立, 部分空間, 部分空間の生成 ... 29
  - 2.4.1 線形結合 ... 30
  - 2.4.2 線形独立, 線形従属 ... 31
  - 2.4.3 部分空間 ... 34
  - 2.4.4 部分空間の生成 ... 37
- 2.5 基底と次元 ... 39
- 2.6 線形独立と生成された部分空間の次元の関係 ... 45
- 2.7 ベクトル空間の和と次元定理 ... 46

第3章 線形写像, 行列のランク, そして基本変形による行列の標準形 50

- 3.1 線形写像 ... 50
  - 3.1.1 写像 ... 50
  - 3.1.2 線形写像 ... 52
- 3.2 ランク ... 56
  - 3.2.1 ランクの定義と性質 ... 56
  - 3.2.2 連立一次方程式の可解性と解の一意性 ... 57
  - 3.2.3 ランクと行列の積・逆行列・転置行列 ... 59
- 3.3 基本変形による標準形 ... 64
  - 3.3.1 基本変形の行列による表現 ... 64
  - 3.3.2 基本変形による標準形 ... 66
  - 3.3.3 転置行列のランク, 逆行列の存在の必要十分条件 ... 68
- 3.4 ベクトル空間の和と線形写像に関する次元定理 ... 72

第4章 行列式 75

- 4.1 行列式の定義と性質 ... 77
  - 4.1.1 行列式の定義 ... 78
  - 4.1.2 行列式の性質 ... 78
  - 4.1.3 行列式の計算法 (1) ... 92

4.2 余因子展開 93
4.2.1 余因子展開 93
4.2.2 行列式の計算法 (2) 95
4.2.3 逆行列の公式 96
4.2.4 クラメールの公式 97
4.3 行列のランク再考 98
4.3.1 小行列式 98
4.3.2 係数行列式のランクが低い場合の解の公式 99
4.4 行列式の1階線形常微分方程式系への応用 101
4.4.1 函数を成分にもつ行列の行列式の導関数 101
4.4.2 線形常微分方程式系の解の線形独立性 102
4.4.3 1階定数係数線形常微分方程式系の初期値問題の解の公式 104

第5章 一般のベクトル空間と線形写像　　106
5.1 一般のベクトル空間 106
5.2 一般のベクトルの数ベクトル表示と線形写像の行列表示 .. 109
5.3 基底の取り替えによる行列表示の変化 112

第6章 固有値・固有ベクトルと相似変換による三角化・対角化　　117
6.1 相似変換と対角化 117
6.1.1 固有値と固有ベクトル 118
6.1.2 固有多項式の相似変換による不変性 121
6.2 分離三角化 121
6.3 固有空間と一般化された固有空間 124
6.4 ハミルトン–ケーリーの定理と最小多項式 127
6.5 対角化可能のための十分条件 I（固有根が単根） 129
6.6 対角化可能のための十分条件 II（正規行列） 136
6.6.1 内積とノルム 136
6.6.2 正規行列の対角化 138
6.6.3 エルミート行列, ユニタリ行列 141

6.7	ジョルダンの標準形	147
6.8	固有空間への射影と固有ベクトルの求め方再考	150
6.9	成分が関数の行列の固有値と固有ベクトル	154
6.10	1階定数係数線形常微分方程式系の解の構造	156
	6.10.1 係数行列が対角化可能の場合の1階定数係数線形常微分方程式系の初期値問題の解の構造	157
	6.10.2 係数行列が対角化不可能の場合の1階定数係数線形常微分方程式系の初期値問題の解の構造	158

第7章 ユークリッド空間と外積 161

7.1	内積とノルムから定まるもの	161
7.2	直線，超平面，球の表示	162
	7.2.1 直線	162
	7.2.2 超平面	162
	7.2.3 球	163
7.3	外積	163
	7.3.1 平面	165
	7.3.2 ナブラとグラディエント，ダイバージェンス，ローテイション	165

さらなる理論と今後の発展，および若干の文献 167

演習問題解答例 172

索　引 185

第0章
集合と論理

0.1 集合

数学の対象となる「ものの集まり」を**集合** (set) といい，$\{\cdots\}$ によって表す．集合を扱う場合，まず考える全体を明示し，全体集合 (universal set) と呼ぶ[1]．すべての集合は全体集合の一部分である．しかし，しばしば暗黙の了解に基づき全体集合を明示しないことがある．

以下の集合は常にこの記号で表すことが習慣となっている[2]．

■例 0.1.1

$$\mathbf{N} = \{\text{自然数}\} = \{1, 2, 3, \ldots\} \tag{0.1.1}$$

$$\mathbf{Z}_+ = \{\text{非負整数}\} = \{0, 1, 2, 3, \ldots\} \tag{0.1.2}$$

$$\mathbf{Z} = \{\text{整数}\} = \{0, \pm 1, \pm 2, \pm 3, \ldots\} \tag{0.1.3}$$

$$\mathbf{Q} = \{\text{有理数}\} = \{q/p : q \in \mathbf{Z}, p \in \mathbf{N}\} \tag{0.1.4}$$

$$\mathbf{R} = \{\text{実数}\} \tag{0.1.5}$$

$$\mathbf{C} = \{\text{複素数}\} = \{x + yi : x, y \in \mathbf{R}\} \quad i \text{ は虚数単位} \tag{0.1.6}$$

このように，集合を $\{\text{成分の列挙}\}$，あるいは $\{a \in A : a \text{ に対する条件}\}$ (A に属し，条件を満たすものの全体) と表す．

---

[1] たとえば，多項式 $= 0$ の解を考えるとき，全体集合を $\mathbf{R}$ にとった場合と，$\mathbf{C}$ にとった場合では，明らかに答えが違ってくる．

[2] $\mathbf{N}$ と $\mathbf{Z}_+$ の定義において，0 が含まれるかどうか，違う定義をする人もいる．

所属関係

集合を構成するものを**成分**とか**元** (element) と呼ぶ．成分は集合に**属する** (belong) といい，成分 a が集合 A に属するとき，$a \in A$ あるいは $A \ni a$ と書く（数学の二項関係の記号は，すべて左右入れ替えが可能）．成分 a が集合 A に属さないとき，$a \notin A$ と書く．（記号の**否定**を "/" で示す．）成分をまったくもたない集合を**空集合** (empty set) といい，「$\emptyset$」と書く．

習慣として成分は小文字，集合は大文字を使うことが多い．また，通常，左辺に未知のもの，複雑なもの，より "ランク" の低いもの（集合の所属関係なら成分）をおくほうが自然である．

包含関係

$$A \subset B \iff 「a \in A \Rightarrow a \in B」$$

図 0.1

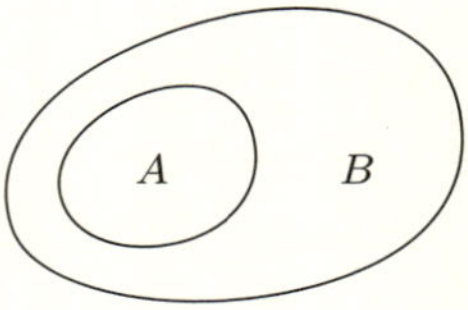

A は B の**部分集合** (subset), B は A を**含む** (include) という．

集合相互の関係を大まかな図で表すとわかりやすい．この図をヴェン図 (Venn diagram) という．

集合演算

$$\begin{aligned}
&A \cup B = \{a : a \in A \text{ または } a \in B\} && (\text{和集合，union}) \\
&A \cap B = \{a : a \in A \text{ かつ } a \in B\} && (\text{共通部分，intersection}) \\
&A \setminus B = \{a \in A \text{ かつ } a \notin B\} && (\text{差集合，difference set}) \\
&A^c = U \setminus A \quad (U \text{ は全体集合}) && (\text{補集合，complement})
\end{aligned}$$

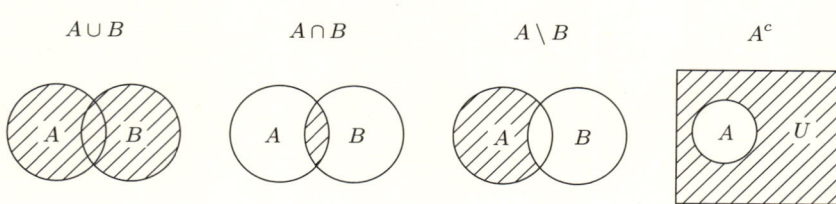

図 0.2

$$A \cup B = B \cup A$$
$$A \cap B = B \cap A$$
$$(A \cup B) \cup C = A \cup (B \cup C) \quad (= A \cup B \cup C \text{ と書く.})$$
$$(A \cap B) \cap C = A \cap (B \cap C) \quad (= A \cap B \cap C \text{ と書く.})$$
$$(A \cup B) \cap C = (A \cap C) \cup (B \cap C)$$
$$(A \cap B) \cup C = (A \cup C) \cap (B \cup C)$$
$$(A^c)^c = A, \quad U^c = \emptyset, \quad \emptyset^c = U$$

が成り立つ.

$(A \cup B) \cap C = (A \cap C) \cup (B \cap C)$ $(A \cap B) \cup C = (A \cup C) \cap (B \cup C)$

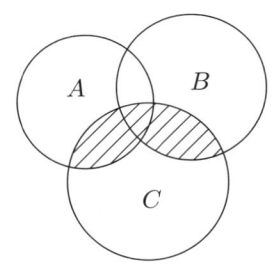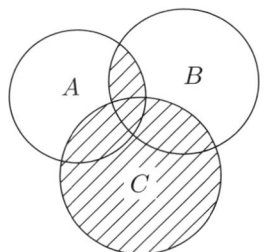

図 0.3

0.2 論理

論理記号

$\forall$: all, arbitrary = すべての, 任意の
$\exists$: exist = 〜があって
/ = (記号の否定)
$\neg$ = (命題の否定)
$\Longrightarrow$ = ならば

逆, 裏, 対偶

命題とは「(数学的) 主張」のことである. 命題 が成り立つとき「命題 は真である」という.

$A_S = \{A を成り立たせる元\}$, $B_S = \{B を成り立たせる元\}$ とする.

「$A \Longrightarrow B$」は $A_S \subset B_S$ と同値である.

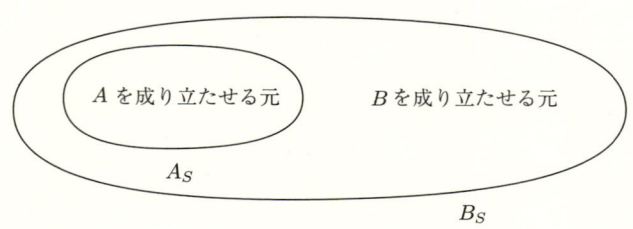

図 0.4

命題が成り立つことを証明するためには，与えられた仮定の下で，あらゆる場合に命題が成り立つことを示さなければならない．逆に，命題が成り立たないことを証明するためには，与えられた仮定の下で命題が成り立たない例を「1つ」見つければよい．これを**反例** (counterexample) という．

■**例 0.2.1** 「すべての素数は奇数である．」 反例：2 は素数だが奇数でない．

命題の否定命題を作ると，命題の中の $\forall$ は $\exists$ に，$\exists$ は $\forall$ に変わる．

■**例 0.2.2** 「$\forall \varepsilon > 0$ に対して $\exists$ 自然数 n があって $n\varepsilon > 1$ が成り立つ．」の否定は，「$\exists \varepsilon > 0$ に対して $\forall$ 自然数 n について $n\varepsilon \leq 1$ となる．」である．（もとの命題（アルキメデスの原理）が真で，その否定は偽である．）

「A ならば B である．」に対して

  逆 (converse)   ：「B ならば A である．」
  裏 (obverse)   ：「$\neg A$ ならば $\neg B$ である．」
  対偶 (contraposition) ：「$\neg B$ ならば $\neg A$ である．」

という．対偶の対偶はもとの命題である．

もとの命題が真ならば対偶も真であり，その逆も成り立つ．

一方，もとの命題が真であっても逆・裏は必ずしも真でない．

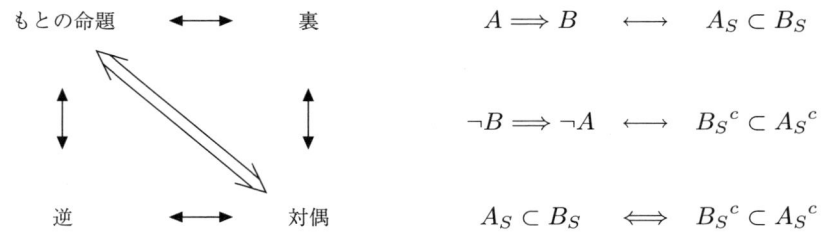

図 0.5

■**例 0.2.3**（自然数の世界で考える）

「n が 3 以上の素数ならば，n は奇数である．」（真）

逆 ：「n が奇数ならば，n は 3 以上の素数である．」（偽）

裏 ：「n が 1，または 2 か，あるいは 3 以上で素数でないならば，n は偶数である．」（偽）

対偶：「n が偶数ならば，n が 1，または 2 か，あるいは 3 以上で素数でない．」（真）

第1章
連立一次方程式の解法

1.1 ガウス–ジョルダンの消去法

連立一次方程式を解く技術として**ガウス–ジョルダンの消去法** (Gauss–Jordan's elimination method) がある．一見，高等学校までに習った「消去法」による解法をまとめ直しただけのもので，あえてマスターしなくてもやっていけるように見えるが，そうではない．ガウス–ジョルダンの消去法は，線形代数のあらゆる具体的計算において用いられる基本的技術であり，よく練られた方法である．さらに，ガウス–ジョルダンの消去法で許される手続きを行列の積で表現することにより，豊穣な理論的実りももたらす (3.3 節参照)．まさに大ガウス，大ジョルダンの名に恥じない方法である．ガウス–ジョルダンの消去法を理解することは線形代数の根幹の理解につながる．

1.1.1 連立一次方程式の消去法による解法

例題 1.1.1 連立一次方程式

$$\begin{cases} 2x + y + z = 15 \cdots (1) \\ 4x + 6y + 3z = 41 \cdots (2) \\ 8x + 8y + 9z = 83 \cdots (3) \\ 2x + 3y + 3z = 25 \cdots (4) \end{cases} \quad (1.1.1)$$

を高等学校までに習った消去法で解いてみよう．

[**解答例**]

$(2)-(1)\times2,\ (3)-(1)\times4,\ (4)-(1)$

$$\begin{cases} 2x + y + z = 15 & \cdots (1) \\ 4y + z = 11 & \cdots (2') \\ 4y + 5z = 23 & \cdots (3') \\ 2y + 2z = 10 & \cdots (4') \end{cases}$$

$(4')$ を 2 で割って $(2')$ と入れ替える

$$\begin{cases} 2x + y + z = 15 & \cdots (1) \\ y + z = 5 & \cdots (2'') \\ 4y + 5z = 23 & \cdots (3') \\ 4y + z = 11 & \cdots (4'') \end{cases}$$

$(3')-(2'')\times4,\ (4'')-(2'')\times4$

$$\begin{cases} 2x + y + z = 15 & \cdots (1) \\ y + z = 5 & \cdots (2'') \\ z = 3 & \cdots (3'') \\ -3z = -9 & \cdots (4''') \end{cases}$$

$(4''')+(3'')\times3$

$$\begin{cases} 2x + y + z = 15 & \cdots (1) \\ y + z = 5 & \cdots (2'') \\ z = 3 & \cdots (3'') \\ 0 = 0 & \cdots (4'''') \end{cases}$$

$(4'''')$ は自明な式なので以後書かない.

$$\begin{cases} 2x + y + z = 15 & \cdots (1) \\ y + z = 5 & \cdots (2'') \\ z = 3 & \cdots (3'') \end{cases}$$

$(1)-(3''),\ (2'')-(3'')$

$$\begin{cases} 2x + y = 12 & \cdots (1') \\ y = 2 & \cdots (2''') \\ z = 3 & \cdots (3'') \end{cases}$$

$(1')-(2''')$

$$\begin{cases} 2x = 10 & \cdots (1'') \\ y = 2 & \cdots (2''') \\ z = 3 & \cdots (3'') \end{cases}$$

$(1'')$ を 2 で割る

$$\begin{cases} x = 5 & \cdots (1''') \\ y = 2 & \cdots (2''') \\ z = 3 & \cdots (3'') \end{cases}$$

かくして解が得られた．この解法の特徴は，各段階で行った変形は逆にもたどれることで，したがって，

> 最初の方程式を成り立たせる x, y, z と
> 最後に得られた x, y, z はまったく同じものである

という点である．

1.1.2 行列による連立一次方程式の表現

上の解法を見ると，毎回 x, y, z や $+, =$ を書くことが煩わしい．これを書かずにすんだらずいぶん書く量を減らすことができる．そこで思いつくのが位取りである．

「2千3百2」の千，百を省略して 「2302」

と書く書き方である．十の位の数はないからそこには 0 を補わなければならない．

方程式 (1.1.1) を下記のように書く．

$$\begin{pmatrix} 2 & 1 & 1 & | & 15 \\ 4 & 6 & 3 & | & 41 \\ 8 & 8 & 9 & | & 83 \\ 2 & 3 & 3 & | & 25 \end{pmatrix}$$

各横並びの数が1つの式を表し，左端が x の係数，左から 2 番目が y の係数，左から 3 番目が z の係数，| を挟んで一番右が右辺である．（この縦線は係数と右辺を仕切る目印で，そのことがわかっているならば書かなくてもよい．）すなわち，数字がどの位置にあるかにより，その数の意味が決まるのである．全体に ( ) がついているのは，このカッコの括りで1つの連立一次方程式系を構成していることを示すものである．

このように，数字（文字を含んでもよい）を長方形に並べてカッコで括ったものを**行列** (matrix) と呼ぶ．横の数字の並びを **行** (row) または **行ベクトル** (row vector)，縦の数字の並びを **列** (column) または **列ベクトル** (column vector) という．$\begin{pmatrix} 4 & 6 & 3 & 41 \end{pmatrix}$ を第 2 行，$\begin{pmatrix} 2 \\ 4 \\ 8 \\ 2 \end{pmatrix}$ を第 1 列という具合に呼ぶ．また，第 2 行と第 1 列の交差点の数字 4 を **(2,1) 成分** (element, entry) と呼ぶ．常に行番号が前で列番号が後である．行列の形を指定するときは，上の行列の場合，行が 4 つ列が 4 つなので，**4 × 4 行列**，**(4,4)-行列**，**(4,4) 型行列** などと呼ぶ．このように正方形の場合は **4 次正方行列** (square matrix) とも呼ぶ．成分が集合 S の元からなる $\ell \times m$ 行列の全体を $M_{\ell,m}(S)$，ℓ 次正方行列の集合を $M_\ell(S)$ と

書く．

連立一次方程式を行列で表現した場合，縦線の左側，4×3 行列
$$\begin{pmatrix} 2 & 1 & 1 \\ 4 & 6 & 3 \\ 8 & 8 & 9 \\ 2 & 3 & 3 \end{pmatrix}$$
を**係数行列**，縦線の右側 $\begin{pmatrix} 15 \\ 41 \\ 83 \\ 25 \end{pmatrix}$ を**右辺**と呼ぶ．

> 連立一次方程式の行列による表記は**位取り表記**

1.1.3 ガウス–ジョルダンの消去法（掃き出し法）

1.1.1 項の消去法において使った式の変形は 3 種類だけである．

(I)　ある式を何倍かして別の式に加える．
(II)　ある式と別の式を入れ替える．
(III)　ある式を**ゼロでない**定数倍する．

これらを 1.1.2 項の行列による表現に置き換えると

> (I)　ある行を何倍かして別の行に加える．
> (II)　ある行と別の行を入れ替える．
> (III)　ある行を**ゼロでない**定数倍する．

となる．この 3 つを**行に関する基本変形** (elementary transformation on row) という．1.1.1 項の計算を行列による表現を用いて書き直してみよう．式の番号の代わりに行の番号を用い，行番号は毎回リセットされるものとする．

(1) 基本のパターン

前進消去 (forward elimination)

$$\begin{pmatrix} 2 & 1 & 1 & | & 15 \\ 4 & 6 & 3 & | & 41 \\ 8 & 8 & 9 & | & 83 \\ 2 & 3 & 3 & | & 25 \end{pmatrix} \xrightarrow[\substack{2\,行-1\,行\times 2 \\ 3\,行-1\,行\times 4 \\ 4\,行-1\,行}]{} \begin{pmatrix} 2 & 1 & 1 & 15 \\ 0 & 4 & 1 & 11 \\ 0 & 4 & 5 & 23 \\ 0 & 2 & 2 & 10 \end{pmatrix} \xrightarrow[\substack{4\,行\times(1/2) \\ 2\,行と 4\,行を \\ 入れ替える}]{} \begin{pmatrix} 2 & 1 & 1 & 15 \\ 0 & 1 & 1 & 5 \\ 0 & 4 & 5 & 23 \\ 0 & 4 & 1 & 11 \end{pmatrix} \xrightarrow[\substack{3\,行-2\,行\times 4 \\ 4\,行-2\,行\times 4}]{} \begin{pmatrix} 2 & 1 & 1 & 15 \\ 0 & 1 & 1 & 5 \\ 0 & 0 & 1 & 3 \\ 0 & 0 & -3 & -9 \end{pmatrix}$$

上の変形の初めの行列の $(1,1)$ 成分 2 を用いて第 1 列の他の成分 $4, 8, 2$ を消去した．この消去の基点となる $(1,1)$ 成分 2 を **ピボット** (pivot) と呼ぶ．3 番目の行列の $(2,2)$ 成分 1 も，4 番目の行列の $(3,3)$ 成分 1 もピボットである．もちろん，

> **ピボットにはゼロでない数を選ばなければならない．**

$$\xrightarrow[]{4\,行+3\,行\times 3} \begin{pmatrix} 2 & 1 & 1 & 15 \\ 0 & 1 & 1 & 5 \\ 0 & 0 & 1 & 3 \\ 0 & 0 & 0 & 0 \end{pmatrix} \xrightarrow[]{自明な式を捨てる} \begin{pmatrix} 2 & 1 & 1 & 15 \\ 0 & 1 & 1 & 5 \\ 0 & 0 & 1 & 3 \end{pmatrix}$$

ここから**後退消去** (backward elimination)

$$\xrightarrow[\substack{1\,行-3\,行 \\ 2\,行-3\,行}]{} \begin{pmatrix} 2 & 1 & 0 & 12 \\ 0 & 1 & 0 & 2 \\ 0 & 0 & 1 & 3 \end{pmatrix} \xrightarrow[]{1\,行-2\,行} \begin{pmatrix} 2 & 0 & 0 & 10 \\ 0 & 1 & 0 & 2 \\ 0 & 0 & 1 & 3 \end{pmatrix} \xrightarrow[]{1\,行\times(1/2)} \begin{pmatrix} 1 & 0 & 0 & | & 5 \\ 0 & 1 & 0 & | & 2 \\ 0 & 0 & 1 & | & 3 \end{pmatrix}$$

最後の行列を連立一次方程式に戻せば $\begin{cases} x = 5 \\ y = 2 \\ z = 3 \end{cases}$ を意味する．

すなわち解 $\begin{pmatrix} x \\ y \\ z \end{pmatrix} = \begin{pmatrix} 5 \\ 2 \\ 3 \end{pmatrix}$ が得られている．

前進消去は上の行から始めて，ピボットを使ってピボットの下の成分を 0 にしていく．したがって，行列の左下が 0 になっていく．前進消去が終わったときの行列は，0 を空白と見ると，各ピボットを角とする階段状になっている．（左下がゼロでも，右上がゼロでも）階段状の行列を**階段行列**(step-formed matrix) と呼ぶ．$(0, 0, 0 | 0)$ は $0x + 0y + 0z = 0$，すなわち，x, y, z のいかんにかかわらず，$0 = 0$ を表していて，未知数に対して何の制限にもならない．$(0, 0, \ldots, 0 | 0)$ を自明な (trivial) 式という．連立一次方程式を解く場面では自明な式は捨てて書かないほうがわかりやすい．

後退消去[1]においては，下の行から始めて，ピボットの上の成分を 0 にしていく．したがって，行列の右上が 0 になっていく．前進消去の間は，行の入れ替えをしてピボットを確定させる作業が必要であるが，後退消去においては既にピボットは確定しているので，ピボット探しも行の入れ替えも要らない．

このようにして行列表現の形で解を求める方法を**ガウス–ジョルダンの消去法（掃き出し法）**という．

正方行列で $\begin{pmatrix} 1 & 0 & 0 \\ 0 & 1 & 0 \\ 0 & 0 & 1 \end{pmatrix}$ のように

左上から右下への対角線上に 1 が並ぶ行列を
単位行列 (identity matrix, unit matrix) と呼ぶ．

単位行列のことを I とか E と書くが，この教科書では I を採用する．上記のようにサイズが 3×3 の単位行列の場合，サイズを表示するために I_3 と書くこともある．ついでに，特徴的な形の行列の呼び名を導入しておこう．

正方行列の左上から右下にかけての対角線上の成分を
対角成分 (diagonal element)，あるいは，主対角成分という．

---

[1] 前進消去を終わった段階の状態で，式を x, y, z を用いたもとの方式の書き方に戻して，代入法による計算を行うやり方を**ガウスの消去法**という．これは，ガウスには申し訳ないが，計算の理論化としては上手なやり方とはいえない．数の計算において，位取り表記の機能的計算の途中で千，百，十などを用いた漢字表記に戻して計算を続けるようなもので，一貫性に欠けるし，機能性を損なう．

正方行列で，$\begin{pmatrix} 1 & 0 & 0 \\ 0 & 2 & 0 \\ 0 & 0 & 0 \end{pmatrix}$ のように，

> 対角成分以外はすべて 0 の行列を対角行列 (diagonal matrix) という．
> 対角成分だけ表示して，先の例の場合，diag(1, 2, 0) とも書く．

$\begin{pmatrix} 1 & 0 & 2 \\ 0 & 2 & 1 \\ 0 & 0 & 3 \end{pmatrix}$ のように，

> 正方行列で，対角成分より下の成分がすべて 0 の行列を
> 上半三角行列 (upper triangular matrix)，

$\begin{pmatrix} 1 & 0 & 0 \\ 3 & 2 & 0 \\ 1 & 0 & 3 \end{pmatrix}$ のように，対角成分より上の成分がすべて 0 の行列を下半三角行列 (lower triangular matrix) という．上半三角行列と下半三角行列を総称して，三角行列 (triangular matrix) という．「三角行列」の用語は，正方行列でなくても，左上の角から斜め 45 度の線の上，あるいは下にのみ成分をもつ行列についても用いることがある．

ガウス–ジョルダンの消去法の目標は，

> 自明な式を省略しつつ，前進消去と後退消去を経て，
> **係数行列部分を単位行列に変形する**

ことである．これが実現できれば解が得られる．しかし，いつでも上の例のようにうまくいくであろうか？

(2)「解なし」のパターン

例題 1.1.2 連立一次方程式

$$\begin{cases} 2x + y + z = 15 & \cdots (1) \\ 4x + 6y + 3z = 41 & \cdots (2) \\ 8x + 8y + 9z = 83 & \cdots (3) \\ 4x + 6y + 6z = 53 & \cdots (4) \end{cases} \quad (1.1.2)$$

この連立一次方程式をガウス–ジョルダンの消去法で解いてみよう.

[解答例] 前進消去

$$\begin{pmatrix} 2 & 1 & 1 & | & 15 \\ 4 & 6 & 3 & | & 41 \\ 8 & 8 & 9 & | & 83 \\ 4 & 6 & 6 & | & 53 \end{pmatrix} \xrightarrow[\substack{3\text{行}-1\text{行}\times 4 \\ 4\text{行}-1\text{行}\times 2}]{2\text{行}-1\text{行}\times 2} \begin{pmatrix} 2 & 1 & 1 & 15 \\ 0 & 4 & 1 & 11 \\ 0 & 4 & 5 & 23 \\ 0 & 4 & 4 & 23 \end{pmatrix} \xrightarrow[\substack{4\text{行}-2\text{行}}]{3\text{行}-2\text{行}} \begin{pmatrix} 2 & 1 & 1 & 15 \\ 0 & 4 & 1 & 11 \\ 0 & 0 & 4 & 12 \\ 0 & 0 & 3 & 12 \end{pmatrix} \xrightarrow[\substack{4\text{行}\times(1/3)}]{3\text{行}\times(1/4)} \begin{pmatrix} 2 & 1 & 1 & 15 \\ 0 & 4 & 1 & 11 \\ 0 & 0 & 1 & 3 \\ 0 & 0 & 1 & 4 \end{pmatrix}$$

$$\xrightarrow{4\text{行}-3\text{行}} \begin{pmatrix} 2 & 1 & 1 & 15 \\ 0 & 4 & 1 & 11 \\ 0 & 0 & 1 & 3 \\ 0 & 0 & 0 & 1 \end{pmatrix}$$

最後の行列の第 4 行は $0x + 0y + 0z = 1$ を意味する. しかし, この式はどのように x, y, z を選んでも成り立たない. このような式を**不可能** (inconsistent) **な式**という.

> **不可能な式** $(0, 0, \ldots, 0 \,|\, c)$ $(c \neq 0)$ が出てきたら
> 「解なし」を宣言して終わり.

!注意 1.1.1 不可能な式は前進消去中に現れる. 前進消去が終わった時点で不可能な式が出てこなければ, 必ず解をもつ.

(3) 解がたくさんあるパターン

例題 1.1.3 連立一次方程式

$$\begin{cases} 4x + 4y - 6z = -24 \cdots (1) \\ 6x + 8y - 13z = -60 \cdots (2) \\ 2x + 2y - 3z = -12 \cdots (3) \\ -4x - 3y + 4z = 12 \end{cases} \quad (1.1.3)$$

この連立一次方程式をガウス–ジョルダンの消去法で解いてみよう．

[解答例]　前進消去

$$\begin{pmatrix} 4 & 4 & -6 & | & -24 \\ 6 & 8 & -13 & | & -60 \\ 2 & 2 & -3 & | & -12 \\ -4 & -3 & 4 & | & 12 \end{pmatrix} \xrightarrow{1\,\text{行}\times(1/2)} \begin{pmatrix} 2 & 2 & -3 & | & -12 \\ 6 & 8 & -13 & | & -60 \\ 2 & 2 & -3 & | & -12 \\ -4 & -3 & 4 & | & 12 \end{pmatrix} \xrightarrow[3\,\text{行}-1\,\text{行},\ 4\,\text{行}+1\,\text{行}\times 2]{2\,\text{行}-1\,\text{行}\times 3} \begin{pmatrix} 2 & 2 & -3 & | & -12 \\ 0 & 2 & -4 & | & -24 \\ 0 & 0 & 0 & | & 0 \\ 0 & 1 & -2 & | & -12 \end{pmatrix}$$

$$\xrightarrow[\text{自明な式を捨てる}]{2\,\text{行}\times(1/2)} \begin{pmatrix} 2 & 2 & -3 & | & -12 \\ 0 & 1 & -2 & | & -12 \\ 0 & 1 & -2 & | & -12 \end{pmatrix} \xrightarrow{3\,\text{行}-2\,\text{行}} \begin{pmatrix} 2 & 2 & -3 & | & -12 \\ 0 & 1 & -2 & | & -12 \\ 0 & 0 & 0 & | & 0 \end{pmatrix} \xrightarrow{\text{自明な式を捨てる}} \begin{pmatrix} 2 & 2 & -3 & | & -12 \\ 0 & 1 & -2 & | & -12 \end{pmatrix}$$

後退消去

$$\xrightarrow{1\,\text{行}-2\,\text{行}\times 2} \begin{pmatrix} 2 & 0 & 1 & | & 12 \\ 0 & 1 & -2 & | & -12 \end{pmatrix} \xrightarrow{1\,\text{行}\times(1/2)} \begin{pmatrix} 1 & 0 & 1/2 & | & 6 \\ 0 & 1 & -2 & | & -12 \end{pmatrix}$$

最後の行列は

$$\begin{cases} x + (1/2)z = 6 \\ y - 2z = -12 \end{cases}$$

を意味する．ピボット $(1,1)$ 成分，$(2,2)$ 成分が対応する未知数 x, y 以外の未知数 z にパラメータ t を導入して，$z = t$ とおくと，

$$\begin{cases} x = -(1/2)t + 6 \\ y = 2t - 12 \\ z = t \end{cases}$$

すなわち，

$$\begin{pmatrix} x \\ y \\ z \end{pmatrix} = \begin{pmatrix} -(1/2)t + 6 \\ 2t - 12 \\ t \end{pmatrix} = \begin{pmatrix} 6 \\ -12 \\ 0 \end{pmatrix} + t \begin{pmatrix} -(1/2) \\ 2 \\ 1 \end{pmatrix} \quad (t \text{ はパラメータ})$$

が解である．

　前進消去において不可能な式が出てこなければ，自明な式を捨てていくことにより，係数行列は**正方行列**か，あるいは，**横長の行列**になる．正方行列になる場合が「基本のパターン」になる．

前進消去の結果，係数行列が横長になる場合が「解がたくさんあるパターン」

である．解がたくさんある場合，後退消去の仕方に，ピボットを取り替えることによる任意性がある．ピボットを取り替えることにより，分数を回避できる場合もある．しかし，1 つの行のピボットは一度だけ取り替えてもよいが，取り替えたらもう変更しないほうがよい．（ガウス–ジョルダンの消去法に習熟するまではピボットの取り替えはしないほうが安全である．）

後退消去で，ピボットの上の成分を消去しておく．
ピボットに対応しない未知数すべてに独立なパラメータを導入し，
パラメータを含む項を移項すると解が得られる．
互いに独立なパラメータが**未知数の数** − **ピボットの数**だけ必要である．

1.2 まとめ

$$\begin{cases} a_{11}x_1 + a_{12}x_2 + \cdots + a_{1m}x_m = b_1 \\ a_{21}x_1 + a_{22}x_2 + \cdots + a_{2m}x_m = b_2 \\ \qquad\qquad\qquad\qquad\vdots \\ a_{\ell 1}x_1 + a_{\ell 2}x_2 + \cdots + a_{\ell m}x_m = b_\ell \end{cases} \iff \left(\begin{array}{cccc|c} a_{11} & a_{12} & \ldots & a_{1m} & b_1 \\ a_{21} & a_{22} & \ldots & a_{2m} & b_2 \\ & & \vdots & & \vdots \\ a_{\ell 1} & a_{\ell 2} & \ldots & a_{\ell m} & b_\ell \end{array} \right)$$

係数行列　　右辺

1.2.1 目標

「許される手続き」により，自明な式を捨てつつ，この式を係数行列部分が単位行列になるように

$$\left(\begin{array}{cccc|c} 1 & 0 & \ldots & 0 & c_1 \\ 0 & 1 & \ldots & 0 & c_2 \\ & & \ddots & & \vdots \\ 0 & 0 & \ldots & 1 & c_m \end{array} \right) \iff \begin{cases} x_1 = c_1 \\ x_2 = c_2 \\ \quad\vdots \\ x_m = c_m \end{cases} \qquad (1.2.1)$$

に変形したい．（残念ながら上手くいくときと，いかないときがある．）

1.2.2 許される手続き（行に関する基本変形）

(I)　　ある行を定数倍して他の行に加える．
　　　（この「定数」はゼロでもよい．ゼロのときは何もしなかったことになる．）
(II)　 ある行と別の行を入れ替える．
(III)　ある行を，ゼロでない定数倍する．
　　　（この「定数」はゼロではダメ．ある行をゼロ倍すると，その行がもつ情報が失われてしまう．）

1.2.3 ガウス–ジョルダンの消去法の手順

(1) 前進消去

上記の許される3つの手続きを用いて，係数行列部分が左下がゼロの階段行列になるように変形していく．

$(0, 0, \ldots, 0 | 0)$ という行が出てきたら，自明な式を意味するから捨てる．他

方，$(0, 0, \ldots, 0 \,|\, c)$ $(c \neq 0)$ が出てきたら，不可能な式を意味するから，「解なし（不能）」を宣言してそこで終わる．自明な式や不可能な式は前進消去中にのみ現れる．

自明な行を捨てるから行の数は減っていく．もし，不可能な式が現れずに前進消去が終了すれば，必ず行の数が未知数の数 m 以下になる．

(2) 後退消去

(2 の 1)　自明な式を捨てた結果，式の数が m すなわち，係数行列部分が m 次正方行列になった場合

対角にピボットが m 個並んでいて後退消去で係数行列部分を単位行列にでき，(1.2.1) が実現できる．

(2 の 2)　自明な式を捨てた結果，式の数が m を下回った場合

係数部分を単位行列にはできない．係数行列のピボットを用いて後退消去を行う．ピボットのある列はピボット以外 0 となる．ピボットを 1 にして後退消去が終わる．ピボットに対応しない未知数に独立のパラメータを導入すると，ピボットに対応する未知数がそれらのパラメータを用いて決定される．

> パラメータの個数は「未知数の数 − ピボットの数」である．

たとえば，下のようになったとする．

$$\begin{pmatrix} 1 & d_{12} & 0 & d_{14} & d_{15} & 0 & | & f_1 \\ 0 & 0 & 1 & d_{24} & d_{25} & 0 & | & f_2 \\ 0 & 0 & 0 & 0 & 0 & 1 & | & f_3 \end{pmatrix} \qquad (1.2.2)$$

これは

$$\begin{cases} x_1 + d_{12}x_2 + + d_{14}x_4 + d_{15}x_5 = f_1 \\ \phantom{x_1 + d_{12}x_2 +} x_3 + d_{24}x_4 + d_{25}x_5 = f_2 \\ \phantom{x_1 + d_{12}x_2 + x_3 + d_{24}x_4 + d_{25}x_5 +} x_6 = f_3 \end{cases}$$

を意味するから

パラメータ $\begin{cases} x_2 = r \\ x_4 = s \\ x_5 = t \end{cases}$ を導入し, $\begin{cases} x_1 = f_1 - d_{12}r - d_{14}s - d_{15}t \\ x_2 = r \\ x_3 = f_2 \qquad\qquad - d_{24}s - d_{25}t \\ x_4 = s \\ x_5 = t \\ x_6 = f_3 \end{cases}$

すなわち,

$$\begin{pmatrix} x_1 \\ x_2 \\ x_3 \\ x_4 \\ x_5 \\ x_6 \end{pmatrix} = \begin{pmatrix} f_1 - d_{12}r - d_{14}s - d_{15}t \\ r \\ f_2 - d_{24}s - d_{25}t \\ s \\ t \\ f_3 \end{pmatrix} = \begin{pmatrix} f_1 \\ 0 \\ f_2 \\ 0 \\ 0 \\ f_3 \end{pmatrix} + r \begin{pmatrix} -d_{12} \\ 1 \\ 0 \\ 0 \\ 0 \\ 0 \end{pmatrix} + s \begin{pmatrix} -d_{14} \\ 0 \\ -d_{24} \\ 1 \\ 0 \\ 0 \end{pmatrix} + t \begin{pmatrix} -d_{15} \\ 0 \\ -d_{25} \\ 0 \\ 1 \\ 0 \end{pmatrix}$$
(1.2.3)

が解である.

1.2.4 ガウス–ジョルダンの消去法を人間が実行するとき, 気をつけること

(コンピュータのプログラムにおいては, 一部, 方針が異なる.)

i) 計算はしっかり戦略をもって行う.

もし, $(1,1)$ 成分が 0 ならば, 行を入れ替えて $(1,1)$ 成分をノンゼロにして, ピボットに採用する. 第 1 列の $(1,1)$ のピボットを利用して, 第 1 列の $(2,1)$ から下の成分を**すべて** 0 にする. もし, 第 1 列がゼロベクトルならば, ゼロベクトルでない最初の列ベクトルから作業を始める. 必要ならば行を入れ替えて, この列の第 1 行成分をノンゼロにしてピボットに採用する. このピボットを用いて, ピボットの下の成分を 0 にする.

上の作業がすむと, 以下, 前進消去中は「第 1 行」を放置する. 第 2 行以下を見て, 初めてゼロベクトルでない列において, 必要ならば行を入れ替えて, 2 行成分をノンゼロにして, ピボットに採用する. このピボットを用いてこの列の第 3 行成分以下を 0 にする.

以下，この作業を繰り返し，係数行列を上半階段行列にすることを目指す．このとき，

> ピボットより上の成分は放置しておく．
> ピボットより上の成分は，後退消去のときに消去するほうが
> 引く行ベクトルに 0 が多くて計算量が少なくてすむ．

不可能な式が出て突然「解なし」を宣言して終わることもあるし，前進消去が終わればもはや不可能な式は出てこないのだから，

> とにかく前進消去をなるべく早く終わって
> 上半三角型の行列に変形し終えることを心がける．

ii) 分数の和や差は「通分・計算・約分」と，整数の計算よりはるかに手間がかかる．したがって，

> 分数が出る計算はなるべく後に回す．

ピボットを 1 にすることも最後でよい．分数を避けるために前進消去中は上記 (II), (III) を有効に使って，分数のいらない前進消去を心掛ける．同時に，行に整数の範囲で公約数があれば，その公約数で割って式を簡単にする．

iii) **後退消去においては (II) は使わない**．後退消去においては，既にピボットは確定している．（原則，ピボットの取り替えは行わない．）ピボットを 1 にすることにより分数が発生するならば，ピボットを 1 にすることは最後に回す．

iv) 前進消去を終わった段階で，後のピボットを含む行のほうが成分に 0 が多く，これを用いるほうが計算量が少なくてすむ．後のピボットから後退消去を行えば，前のほうのピボットを含む式も，成分に 0 が増えていく．

> 後退消去は後のピボットから．

v) ガウス–ジョルダンの消去法の手続きを逐一計算に書き込んでおく．書くことにより，今自分がしようとしていることを確認できる（指さし点検）．また，何をしたか書いておかないと，後に自分の計算を見て，自分のしたことがわからなくなることが多い．計算に誤りが含まれている場合，修正不能になる．

vi) 答えが出たら検算する．すなわち，

> 得られた解を始めの方程式に代入して，式が成り立つことを確かめる．

! 注意 1.2.1 右辺がすべて 0 の方程式を斉次方程式という．斉次方程式

$$\begin{pmatrix} a_{11} & a_{12} & \ldots & a_{1m} & | & 0 \\ a_{21} & a_{22} & \ldots & a_{2m} & | & 0 \\ & & \vdots & & | & \vdots \\ a_{\ell 1} & a_{\ell 2} & \ldots & a_{\ell m} & | & 0 \end{pmatrix}$$

の場合には，行に関する基本変形において常に右辺が 0 のままである．したがって，最後に右辺の 0 を復活させるさせることを忘れないならば，右辺を省略して計算してよい．（第 6 章で固有ベクトルを求めるとき，斉次連立一次方程式を解く．6.5 節，6.6.3 項参照．）

1.2.5 式に文字が含まれる場合

しばしば，方程式に文字が含まれる場合に遭遇する．文字が定数か変数かにより対処の仕方が異なる．

> 文字が定数ならば，割り算をするときに 0 か否かで
> 場合分けをしなければならない．

> 文字が変数ならば，恒等的にゼロでない函数の零点は気にしなくてよいが，
> 恒等的にゼロの函数で割ることはできない．

例題 1.2.1 次の連立一次方程式において，a は定数である．これを ガウス–ジョルダンの消去法で解きなさい．（必要が生ずれば a の値を場合分けしなさい．）

$$\begin{cases} 2x + ay + z = 1 \\ x + z = a \\ x - y = 2 \end{cases}$$

[解答例]

$$
\begin{pmatrix} 2 & a & 1 & | & 1 \\ 1 & 0 & 1 & | & a \\ 1 & -1 & 0 & | & 2 \end{pmatrix} \xrightarrow{\substack{1\text{行と}2\text{行を}\\ \text{入れ替える}}} \begin{pmatrix} 1 & 0 & 1 & | & a \\ 2 & a & 1 & | & 1 \\ 1 & -1 & 0 & | & 2 \end{pmatrix} \xrightarrow{\substack{2\text{行}-1\text{行}\times 2 \\ 3\text{行}-1\text{行}}} \begin{pmatrix} 1 & 0 & 1 & | & a \\ 0 & a & -1 & | & 1-2a \\ 0 & -1 & -1 & | & 2-a \end{pmatrix}
$$

$$
\xrightarrow{\substack{3\text{行}\times(-1) \\ 2\text{行と}3\text{行を入れ替える}}} \begin{pmatrix} 1 & 0 & 1 & | & a \\ 0 & 1 & 1 & | & a-2 \\ 0 & a & -1 & | & 1-2a \end{pmatrix} \xrightarrow{3\text{行}-2\text{行}\times a} \begin{pmatrix} 1 & 0 & 1 & | & a \\ 0 & 1 & 1 & | & a-2 \\ 0 & 0 & -1-a & | & 1-a^2 \end{pmatrix}
$$

$a = -1$ **すなわち** $-1-a = 0$ **のとき**

第3行が自明な式となるから捨てる.

$$
\begin{pmatrix} 1 & 0 & 1 & | & -1 \\ 0 & 1 & 1 & | & -3 \end{pmatrix}
$$

これは

$$
\begin{cases} x + z = -1 \\ y + z = -3 \end{cases}
$$

を意味するから,$z = t$ とおいて

$$
\begin{pmatrix} x \\ y \\ z \end{pmatrix} = \begin{pmatrix} -t-1 \\ -t-3 \\ t \end{pmatrix} = \begin{pmatrix} -1 \\ -3 \\ 0 \end{pmatrix} + t \begin{pmatrix} -1 \\ -1 \\ 1 \end{pmatrix} \qquad (t\text{ はパラメータ})
$$

を得る.

$a \neq -1$ **すなわち** $a+1 \neq 0$ **のとき**

$$
\begin{pmatrix} 1 & 0 & 1 & | & a \\ 0 & 1 & 1 & | & a-2 \\ 0 & 0 & -1-a & | & (1-a)(1+a) \end{pmatrix} \xrightarrow{3\text{行}\times\{-1/(1+a)\}} \begin{pmatrix} 1 & 0 & 1 & | & a \\ 0 & 1 & 1 & | & a-2 \\ 0 & 0 & 1 & | & a-1 \end{pmatrix}
$$

1 行−3 行
2 行−3 行
$$\longrightarrow \begin{pmatrix} 1 & 0 & 0 & | & 1 \\ 0 & 1 & 0 & | & -1 \\ 0 & 0 & 1 & | & a-1 \end{pmatrix}$$

よって
$$\begin{pmatrix} x \\ y \\ z \end{pmatrix} = \begin{pmatrix} 1 \\ -1 \\ a-1 \end{pmatrix}$$

を得る．

🖉 文字で割る作業をなるべく避けるように工夫する．どうしても文字入りの式で割らなければならないときは，それが 0 か 0 でないかで場合分けする．

演習問題

1.1 次の連立一次方程式をガウス–ジョルダンの消去法を用いて解きなさい．

(1) $\begin{cases} x + y + z = 6 \\ x + 2y + 4z = 13 \\ -x + 5y + 18z = 38 \end{cases}$
(2) $\begin{cases} 2x + y + z = 5 \\ 6x + 3y + 3z = 13 \\ -2x + 2z = -6 \end{cases}$

(3) $\begin{cases} x - 2y + z = 5 \\ 2x + y + 4z = 15 \\ -3x + 11y - z = -10 \end{cases}$
(4) $\begin{cases} 2x - 4y + z + w = 0 \\ x - 2y + 2z + 3w = 0 \\ 3x - 6y + 3z + 4w = 0 \\ 4x - 8y + 5z + 7w = 0 \end{cases}$

1.2 下の連立一次方程式において，a は定数である．必要ならば a の値で場合を分けて，解が存在するかどうかを調べなさい．また，存在する場合には解を求めなさい．

$$\begin{cases} x + 4y + az = 3 \\ x + a^2 z = a \\ 2y + a^2 z = a+1 \end{cases}$$

第2章
数ベクトル空間

　あらゆる連立一次方程式の解の存在・非存在の判定も，存在の場合のすべての解の表示も，ガウス–ジョルダンの消去法で解いてみればわかる．完璧である．しかし，数学は欲張りのサボりである．「解けばわかる」ということは，「解いてみなければわからない」ということである．解の表示まで，という贅沢はいわないが，解があるかないかくらいは実際に解かなくても何かちょこちょこと調べてわかるのではないか，とサボり精神を発揮する．実係数の2次方程式が実根をもつかどうかを知るには，根の公式を計算しなくても，判別式が正か負か（厳密な値は要らない）を調べればよい，というパターンの再現を狙う．

　そのように考えたとき，今までのガウス–ジョルダンのやり方にこだわっていてはだめである．そのやり方では既にベストに到っている．このような状況では，もっと根源に立ち返って考え直すほうがよい．思い起こせば，連立一次方程式を行列表現することは，数の位取り表示のアイデアの応用で，優れたものであったが，係数と右辺を同じ土俵に同格においていて，どこか不自然である．連立一次方程式には，未知数，係数，右辺，という性格の異なる3つの要素が登場する．これを分離して扱いたい．

　本章で導入する（数）ベクトル空間における諸概念をベースに，次章で連立一次方程式を「数ベクトル空間から数ベクトル空間への線形写像 (linear map)」ととらえて，連立一次方程式の「可解性 (solvability)」や「解の一意性 (uniqueness)」を論ずる．

2.1 行列と数ベクトルの積

例題 1.1.1
$$\begin{cases} 2x + y + z = 15 & \cdots (1) \\ 4x + 6y + 3z = 41 & \cdots (2) \\ 8x + 8y + 9z = 83 & \cdots (3) \\ 2x + 3y + 3z = 25 & \cdots (4) \end{cases}$$

を再び取り上げて考え直してみよう．未知数を $\begin{pmatrix} x \\ y \\ z \end{pmatrix}$，係数を行列の形 $\begin{pmatrix} 2 & 1 & 1 \\ 4 & 6 & 3 \\ 8 & 8 & 9 \\ 2 & 3 & 3 \end{pmatrix}$，

右辺を $\begin{pmatrix} 15 \\ 41 \\ 83 \\ 25 \end{pmatrix}$ と表すことにしよう．未知数や右辺のように縦に数字を並べて

(x, y, z も未知ではあるが数である) カッコで括ったものを**数ベクトル** (number vector) という．縦に並べるか横に並べるか，2 通りあり，前者を**縦ベクトル**あるいは**列ベクトル** (column vector)，後者を**横ベクトル**あるいは**行ベクトル** (row vector) といって区別する．後にわかるように，

> m 次元縦ベクトルは $m \times 1$ 行列，m 次元横ベクトルは $1 \times m$ 行列

に当たる (式 (2.1.2) と 3.2.3 項参照)．このように，演算の法則の面から，**縦ベクトルと横ベクトルは区別したほうがよい**．

> 縦のものを横にもしない！

$\begin{pmatrix} 15 \\ 41 \\ 83 \\ 25 \end{pmatrix}$ の 15, 41, etc. をそれぞれ 第 1 成分，第 2 成分，etc. と呼ぶ．また，

数ベクトルの構成数の数を**次元** (dimension) という．(次元の一般的定義は 2.5

節で与える.）上の例の場合，未知数は 3 次元縦ベクトル，右辺は 4 次元縦ベクトルである．この講義では，原則として縦ベクトルだけを扱うから，縦ベクトルの場合には「縦」を省略して単に「数ベクトル」と呼ぶことにする．ときには「数」も省略して単に「ベクトル」と呼ぶこともある．

さて，
$$\begin{pmatrix} 2 & 1 & 1 \\ 4 & 6 & 3 \\ 8 & 8 & 9 \\ 2 & 3 & 3 \end{pmatrix} \begin{pmatrix} x \\ y \\ z \end{pmatrix} = \begin{pmatrix} 15 \\ 41 \\ 83 \\ 25 \end{pmatrix} \tag{2.1.1}$$

と書いて例 1.1.1 を表すためには行列と縦ベクトルの積を次のように決めなければならない．$\ell \times m$ 行列 $A = (a_{ij})_{1 \leq i \leq \ell,\, 1 \leq j \leq m} = \begin{pmatrix} a_{11} & a_{12} & \ldots & a_{1m} \\ a_{21} & a_{22} & \ldots & a_{2m} \\ & & & \vdots \\ a_{\ell 1} & a_{\ell 2} & \ldots & a_{\ell m} \end{pmatrix}$ と n 次元ベクトル $\boldsymbol{x} = \begin{pmatrix} x_1 \\ x_2 \\ \vdots \\ x_n \end{pmatrix}$ において，$m = n$ **のときに限り** A と $\boldsymbol{x}$ の積を

$$A\boldsymbol{x} = \begin{pmatrix} a_{11} & a_{12} & \ldots & a_{1m} \\ a_{21} & a_{22} & \ldots & a_{2m} \\ & & & \vdots \\ a_{\ell 1} & a_{\ell 2} & \ldots & a_{\ell m} \end{pmatrix} \begin{pmatrix} x_1 \\ x_2 \\ \vdots \\ x_m \end{pmatrix} = \begin{pmatrix} a_{11}x_1 + a_{12}x_2 + \cdots + a_{1m}x_m \\ a_{21}x_1 + a_{22}x_2 + \cdots + a_{2m}x_m \\ \vdots \\ a_{\ell 1}x_1 + a_{\ell 2}x_2 + \cdots + a_{\ell m}x_m \end{pmatrix}$$

$$= x_1 \begin{pmatrix} a_{11} \\ a_{21} \\ \vdots \\ a_{\ell 1} \end{pmatrix} + x_2 \begin{pmatrix} a_{12} \\ a_{22} \\ \vdots \\ a_{\ell 2} \end{pmatrix} + \cdots + x_m \begin{pmatrix} a_{1m} \\ a_{2m} \\ \vdots \\ a_{\ell m} \end{pmatrix} \tag{2.1.2}$$

と決める．すなわち，

$$\boxed{\ (\ell \times m \text{ 行列}) \times (m \text{ 次元ベクトル}) = \ell \text{ 次元ベクトル}\ }$$

である．したがって，係数行列を $A = (\boldsymbol{a}_1, \boldsymbol{a}_2, \ldots, \boldsymbol{a}_m)$ と列ベクトル表示しておくと，連立一次方程式 $A\boldsymbol{x} = \boldsymbol{b}$ は $\{\boldsymbol{a}_j\}_{j=1}^m$ の線形結合でベクトル $\boldsymbol{b}$ を作る際の係数 $\{x_j\}_{j=1}^m$ を求める問題とも考えられる．(「線形結合」の定義は 2.4.1 項参照．)

$\begin{pmatrix} x_1 \\ x_2 \\ \vdots \\ x_n \end{pmatrix}$ と書くと場所をとるので ${}^t(x_1, x_2, \ldots, x_n)$ とも書く．" ^{t} " は「転置 (transposed)」の記号である．

2.2 スカラー

数ベクトル空間をきちんと導入しよう．ベクトル空間を扱う場合，前提として基盤となるスカラー (scalar)（数の体系）を決めて，一貫してそれを用いる．スカラーとして採用できるのは**体** (field) すなわち，加法と乗法が定義されていて，

(1) $a + b = b + a$ 　　　　　　　　　　　　（加法の交換則）
(2) $(a + b) + c = a + (b + c) (= a + b + c$ と書く$)$ 　（加法の結合則）
(3) $a + 0 = 0 + a = a$ 　　　　　　　　　　　（ゼロの存在）
(4) $\forall a, \exists b$ s.t. $a + b = b + a = 0 (b$ を $-a$ と書く$)$ （マイナス元の存在）
(5) $ab = ba$ 　　　　　　　　　　　　　　　（積の交換則）
(6) $(ab)c = a(bc) (= abc$ と書く$)$ 　　　　　　（積の結合則）
(7) $a \cdot 1 = 1 \cdot a = a$ 　　　　　　　　　　　（単位元の存在）
(8) $\forall a \neq 0 \exists c$ s.t. $ac = ca = 1 (c$ を a^{-1} と書く$)$ （逆元の存在）
(9) $a(b + c) = ab + ac, (a + b)c = ac + bc$ 　　（分配則）

(2.2.1)

を満たすものなら何でもよい．われわれのなじみ深いものでは，$\mathbf{Q}, \mathbf{R}, \mathbf{C}$ が該当する．直感的に考えやすいのは実数体 $\mathbf{R}$ を基盤においた理論であり，後に出てくる「固有値問題」を考えるには 複素数体 $\mathbf{C}$ が都合がよい．しかし，いずれにしても，線形代数で使う数の性質は (2.2.1) の 9 つの性質だけである．スカラーを $\mathbf{R}$ にとろうが $\mathbf{C}$ にとろうが，形の上ではまったく同じ定理が成り立つ．当面，わかりやすさを優先してスカラーを実数体にとり，固有値問題が出てきたら複素数体に変える．複素数体に変えたときは複素数体上のベクトル空

間として最初からやり直す必要があるが，すべての場面で「実数」を「複素数」と書き直すだけでまったく同じ形式の理論ができる．

2.3 数ベクトル空間と演算

スカラーを実数体 $\mathbf{R}$ とする．m 次元数ベクトルの全体に下記の数ベクトルの**和** (vector sum) と**スカラー倍** (scalar multiplication) を定めたものを m **次元数ベクトル空間** (m-dimensional number vector space) といい，$\mathbf{R}^m$ と書く．(スカラーが複素数体 $\mathbf{C}$ ならば $\mathbf{C}^m$ と書く．) ベクトル空間のことを**線形空間** (linear space) ともいう．

【定義 2.3.1】(ベクトルの和とスカラー倍)　$a \in \mathbf{R}$ とする．

$$\begin{pmatrix} x_1 \\ x_2 \\ \vdots \\ x_m \end{pmatrix} + \begin{pmatrix} y_1 \\ y_2 \\ \vdots \\ y_m \end{pmatrix} = \begin{pmatrix} x_1 + y_1 \\ x_2 + y_2 \\ \vdots \\ x_m + y_m \end{pmatrix}, \quad a \begin{pmatrix} x_1 \\ x_2 \\ \vdots \\ x_m \end{pmatrix} = \begin{pmatrix} ax_1 \\ ax_2 \\ \vdots \\ ax_m \end{pmatrix} \quad (2.3.1)$$

と定め，前者を数ベクトルの**和**，後者を数ベクトルの**スカラー倍**という．

$^t(0, 0, \ldots, 0)$ を $\mathbf{0}$ と書いて，**ゼロベクトル** (zero vector) と呼ぶ．

このとき，以下の 8 つの式が成り立つ．$\boldsymbol{x}, \boldsymbol{y}, \boldsymbol{z} \in \mathbf{R}^m$，$a, b \in \mathbf{R}$ とする．

(1) $\boldsymbol{x}+\boldsymbol{y}=\boldsymbol{y}+\boldsymbol{x}$ 　　　　　　　　　　　　　(加法の交換則)
(2) $(\boldsymbol{x}+\boldsymbol{y})+\boldsymbol{z}=\boldsymbol{x}+(\boldsymbol{y}+\boldsymbol{z})(=\boldsymbol{x}+\boldsymbol{y}+\boldsymbol{z}$ と書く) 　(加法の結合則)
(3) $\boldsymbol{x}+\mathbf{0}=\mathbf{0}+\boldsymbol{x}=\boldsymbol{x}$ 　　　　　　　　　　　(ゼロベクトルの存在)
(4) $\forall \boldsymbol{x}, \exists \boldsymbol{x}'$ s.t. $\boldsymbol{x}+\boldsymbol{x}'=\boldsymbol{x}'+\boldsymbol{x}=\mathbf{0}(\boldsymbol{x}'$ を $-\boldsymbol{x}$ と書く) (マイナスベクトルの存在)
(5) $(a+b)\boldsymbol{x}=a\boldsymbol{x}+b\boldsymbol{x}$ 　　　　　　　　　　(スカラー和の分配法則)
(6) $a(\boldsymbol{x}+\boldsymbol{y})=a\boldsymbol{x}+a\boldsymbol{y}$ 　　　　　　　　　　(ベクトル和の分配法則)
(7) $(ab)\boldsymbol{x}=a(b\boldsymbol{x})(=ab\boldsymbol{x}$ と書く) 　　　　(スカラー倍の結合法則)
(8) $1 \cdot \boldsymbol{x}=\boldsymbol{x}$ 　　　　　　　　　　　　　　　(1 倍の定義)

$$(2.3.2)$$

🖉　スカラー倍は「積」ではない．ベクトルの積とは「ベクトル × ベクトル = ベクトル」のことである．特殊な場合にはベクトルの積が考えられるが，一般にはベクトル空間には積を導入しない．

ベクトル空間の幾何学的イメージ

$m=2$ の場合を考えよう．数ベクトル $\boldsymbol{x} = \begin{pmatrix} x \\ y \end{pmatrix}$ を x-y 座標空間の原点から点 (x, y) に到る矢印と見なすとよい．(なお，この矢印を平行移動して，(a, b) から $(a+x, b+y)$ へ到る矢印も同一視して同じベクトルと見る[1]．) 加法とスカラー倍は下記のようになる．

$\boldsymbol{x}$ の終点に $\boldsymbol{y}$ の始点をもってきたとき，$\boldsymbol{x}$ の始点から $\boldsymbol{y}$ の終点に到る矢印として $\boldsymbol{x}+\boldsymbol{y}$ が得られる．$\boldsymbol{x}$ と $\boldsymbol{y}$ の役目を入れ替えても，結果は同じである．((2.3.2) (1) を意味する．)

同様に，$\boldsymbol{x}$ の終点から $\boldsymbol{y}$ の終点に到る矢印が 差 $\boldsymbol{y} - \boldsymbol{x}$ を与える．

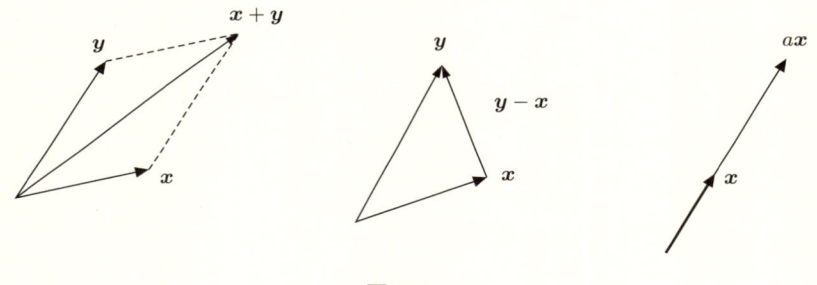

図 2.1

!注意 2.3.1 ベクトルの和は 2 つのベクトルに関わるものである．また，スカラー倍は 1 つのベクトルにのみ関わるものである．すなわち，ベクトル空間の演算は，1 つ 1 つを細かく見ていけば，せいぜい特別の 2 方向で決まる世界の話である．その意味で，**ベクトル空間の演算の本質は「2 次元」である**．ただ，演算に参加しない残りの次元がある．残りの次元を 1 次元にまとめて表しておけば，**3 次元 $\mathbf{R}^3$ の絵が描けたら，そのイメージは 100 次元にも通用する**．線形代数の構造は実は次元で決まるが，次元が違ってもイメージは同じである．スカラーを複素数体に変えても，スカラーが実数のときと同じ絵を描いて差し支えない．その意味で

---

[1] このように矢印の始点をどこにとっても，矢印の長さと向きが同じなら同一のベクトルと見なすとき，「自由ベクトル」という．一方，力学において力を表すベクトルの場合，ベクトルの始点は力が働く場所（作用点）を示し，作用点を変えると力の運動に及ぼす作用が変わる．たとえば，棒に力が働く場合，力が重心に働けば，重心の移動だけに作用し，重心まわりの回転を引き起こす作用はない．一方，同じ大きさ・同じ向きの力でも，重心を外れた所に働くと，重心の移動だけでなく重心まわりの回転も引き起こす．このように，始点（作用点）を変えると違う働きをするとき，「束縛ベクトル」という．束縛ベクトルの場合でも，自由ベクトルの側面ももち，棒に働く力の場合，重心の移動に及ぼす影響の総和は作用点に関係なく自由ベクトルとしての力の和である．

| 線形代数はワンパターン |

である．大胆に絵を描いて考えてほしい．絵を描いて線形代数が考えられるようになったら本物である．

2.4　線形結合，線形独立，部分空間，部分空間の生成

　ベクトル空間の理論的考察に不可欠な基本概念を導入しよう．線形代数は，微積分と違って，理論が公理論的に構成される．初学者にとっては外国語を学ぶようなもので，まず基本となる単語を覚えなければならない．1つだけ単語を覚えても，会話はできない．いくつかの単語が出揃い，基本となる文型を覚えると，会話をすることができるようになる．基本的な単語と文型は我慢して覚えるしかない．（丸暗記でなく，意味を考えながら覚えると，覚えやすい．）その上でそれらの応用活用が可能となる．

　英語を学ぶとき，英和辞典で単語の意味を調べると，いくつも訳語が書いてある．これは，1つの英単語が多様な意味に使い分けられているのではない．英語を母国語とする人々にとっては単語1つに1つの意味合いである．それを日本語に訳すときに，ちょうど対応する訳語がないので，場面場面で，このときはこの訳語，あのときはあの訳語とやむなく使い分けるのである．英語をものにするこつの1つは，アメリカ人・イギリス人が抱いてる単語のイメージを把握することである．たとえば "get" のココロがわかれば get を自在に使えるようになる．

　線形代数において「単語」に当たるものは「概念」である．基本的な概念を我慢してきちんとものにするかどうかが，線形代数を使えるようになるかどうかの分かれ目である．「ものにする」とは，定義を暗記することではない．概念の「意味するところ」を把握することである．諸概念を大雑把な「絵に描ける」ようになれば「意味するところを把握できた」と判断してよい．線形代数においては，概念に対して，（幾何学的）イメージを構築することは極めて重要である．この本において，各概念の意味とイメージを筆者なりに説明していく．大切なことは，それを参考にして，読者諸君が各自独自のイメージを構築することである．

2.4.1 線形結合

線形代数では，ベクトルの演算を組み合わせた $a_1\boldsymbol{x}_1 + a_2\boldsymbol{x}_2 + \cdots + a_n\boldsymbol{x}_n$ の形のベクトルがよく現れる．これに名前を付けておこう．

【定義 2.4.1】（線形結合）　有限個のベクトル $\{\boldsymbol{x}_1, \boldsymbol{x}_2, \ldots, \boldsymbol{x}_n\}$ に対して，スカラー $\{a_1, a_2, \ldots, a_n\}$ による $a_1\boldsymbol{x}_1 + a_2\boldsymbol{x}_2 + \cdots + a_n\boldsymbol{x}_n$ を「$\{\boldsymbol{x}_1, \boldsymbol{x}_2, \ldots, \boldsymbol{x}_n\}$ の**線形結合** (linear combination) あるいは一次結合」という．

（線形結合においてはベクトルは指定するが，スカラーは case by case である．特定のスカラーだけを考えることも，あらゆるスカラーの組合せすべてを考えることもある．）

例題 2.4.1（線形結合）

$\begin{pmatrix} 2 \\ 0 \\ 1 \end{pmatrix}, \begin{pmatrix} 1 \\ 1 \\ 1 \end{pmatrix}, \begin{pmatrix} -1 \\ 1 \\ 0 \end{pmatrix}$ の係数 $2, -3, 1$ による線形結合を求めなさい．

[解答例]

$$2\begin{pmatrix} 2 \\ 0 \\ 1 \end{pmatrix} - 3\begin{pmatrix} 1 \\ 1 \\ 1 \end{pmatrix} + \begin{pmatrix} -1 \\ 1 \\ 0 \end{pmatrix} = \begin{pmatrix} 2\cdot 2 - 3\cdot 1 - 1 \\ 2\cdot 0 - 3\cdot 1 + 1 \\ 2\cdot 1 - 3\cdot 1 + 0 \end{pmatrix} = \begin{pmatrix} 0 \\ -2 \\ -1 \end{pmatrix}$$

!注意 2.4.1　$\boldsymbol{y}_j = \sum_{k=1}^n a_{jk}\boldsymbol{x}_k \ (1 \leq j \leq m)$ のとき，

$$\sum_{j=1}^m c_j \boldsymbol{y}_j = \sum_{j=1}^m c_j (\sum_{k=1}^n a_{jk}\boldsymbol{x}_k) = \sum_{k=1}^n (\sum_{j=1}^m c_j a_{jk})\boldsymbol{x}_k = \sum_{k=1}^n d_k \boldsymbol{x}_k \ (d_k = \sum_{j=1}^m c_j a_{jk})$$

で，$\{\boldsymbol{x}_k\}$ の線形結合のそのまた線形結合は，やはり $\{\boldsymbol{x}_k\}$ の線形結合である．

$$\boxed{\{\boldsymbol{x}_j\} \text{ の線形結合の線形結合は } \{\boldsymbol{x}_j\} \text{ の線形結合だ．広がらない線形結合の輪！}} \quad (2.4.1)$$

これを「**線形結合の原理** (principle of linear combination)」という[2]．

---

[2] 筆者はこの呼称を提唱しているが，国際的に使われているわけではない．その点に留意して用いてほしい．

2.4.2 線形独立, 線形従属

線形代数には「線形独立」とか「線形従属」という言葉が飛び交う．これは何だろうか？

【定義 2.4.2】(線形独立, 線形従属)

(1) ベクトルの集合 $\{x_1, x_2, \ldots, x_n\}$ において $a_1 x_1 + a_2 x_2 + \cdots + a_n x_n = \mathbf{0}$ を満たすならば $a_1 = a_2 = \cdots = a_n = 0$ に限るとき，「$\{x_1, x_2, \ldots, x_n\}$ は **線形独立** (linearly independent)」，あるいは一次独立という．

($a_1 = a_2 = \cdots = a_n = 0$ であれば，x_j ($1 \leq j \leq n$) がどんなベクトルでも，その線形結合は $\mathbf{0}$ になる．この場合を **自明な場合** (trivial case) という．線形独立とは，ベクトルの線形結合が $\mathbf{0}$ になるのは自明な場合しかないことを意味する．)

(2) $\{x_1, x_2, \ldots, x_n\}$ が線形独立でないとき，すなわち，ある $(a_1, a_2, \ldots, a_n) \neq (0, 0, \ldots, 0)$ である $\{a_1, a_2, \ldots, a_n\}$ により $a_1 x_1 + a_2 x_2 + \cdots + a_n x_n = \mathbf{0}$ となるとき，「$\{x_1, x_2, \ldots, x_n\}$ は **線形従属** (linearly dependent)」，あるいは一次従属という．

($(a_1, a_2, \ldots, a_n) \neq (0, 0, \ldots, 0)$ とは，$\{a_j\}$ のうちに，少なくとも 1 つ 0 でないものがあればよい．)

補題 2.4.1

(1) $\{x_j\}_{j=1}^n$ が線形従属である．
$\iff$ ある番号 k があって，適当なスカラー $\{c_j\}_{1 \leq j \leq n, j \neq k}$ があって，
$x_k = \sum_{1 \leq j \leq n, j \neq k} c_j x_j$ (x_k 以外の $\{x_j\}$ の線形結合) と書ける．

(2) $\{v_j\}_{j=1}^n$ が線形独立で，$\{x\} \cup \{v_j\}_{j=1}^n$ が線形従属
$\implies$ x が $\{v_j\}_{j=1}^n$ の線形結合に書ける．

《証明》 (1) 線形従属だから，ある $(a_1, a_2, \ldots, a_n) \neq (0, 0, \ldots, 0)$ である $\{a_1, a_2, \ldots, a_n\}$ により $a_1 x_1 + a_2 x_2 + \cdots + a_n x_n = \mathbf{0}$ となる．ある a_k が

あって $a_k \neq 0$ であるから, $\bm{x}_k = \displaystyle\sum_{1 \leq j \leq n, j \neq k} \Bigl(-\dfrac{a_j}{a_k}\Bigr)\bm{x}_j$ と書ける. あとは, $c_j = -a_j/a_k$ とおけばよい.

(2) $\{\bm{x}\} \cup \{\bm{v}_j\}_{j=1}^n$ が線形従属であるから, ある $(a_0, a_1, \ldots, a_n) \neq (0, 0, \ldots, 0)$ があって
$$a_0 \bm{x} + a_1 \bm{v}_1 + \cdots + a_n \bm{v}_n = \bm{0}$$
が成り立つ. ここに, $a_0 \neq 0$ である. なぜならば, もし $a_0 = 0$ ならば, $a_1 \bm{v}_1 + \cdots + a_n \bm{v}_n = \bm{0}$ となり, $\{\bm{v}_j\}$ の線形独立性により, $a_1 = a_2 = \cdots = a_n = 0$ となる. これは $(a_0, a_1, \ldots, a_n) \neq (0, 0, \ldots, 0)$ に反する.

$a_0 \neq 0$ だから,
$$\bm{x} = \sum_{j=1}^n \Bigl(-\dfrac{a_j}{a_0}\Bigr)\bm{v}_j$$
と書ける. □

!注意 2.4.2 線形代数においては, 線形写像 (linear map) が重要な働きをする (3.1.2 項参照). f が $\mathbf{R}^m$ から $\mathbf{R}^\ell$ への線形写像で, ベクトル $\bm{v} \in \mathbf{R}^m$ が $\{\bm{v}_j\}_{j=1}^n$ の線形結合 $\bm{v} = \sum_{j=1}^n a_j \bm{v}_j$ と書けていれば, $f(\bm{v}) = \sum_{j=1}^n a_j f(\bm{v}_j)$ が成り立つ. したがって, $\{f(\bm{v}_j)\}_{1 \leq j \leq n}$ の情報がすべてわかっていれば, $f(\bm{v})$ の情報はそれらから合成できる. すなわち, $f(\bm{v})$ の情報はなくてもすむ. いわば, 他のベクトルの線形結合で書けるベクトルは「窓際族」である. 居ても居なくても, そのものの働きは他がカバーする.

> 線形従属なベクトルの集合は無駄なものを含む集団である.

その点, 線形独立なベクトルの集合は, どの 1 つのベクトルの情報も, 他のベクトル達の情報から合成できない. すなわち, おのおのが独自の存在価値をもっていて, どの一つを欠いても本来の集団の働きができない「働く (働かざるを得ない) 集団」である.

!注意 2.4.3 定義から直ちに次のことがわかる.
1. 線形独立な $\{\bm{v}_j\}$ の部分集合は, 線形独立である.
2. 線形従属な $\{\bm{v}_j\}$ に任意のベクトル達を付け加えても線形従属である.

例題 2.4.2 （線形独立）

$\left\{ \begin{pmatrix} 2 \\ 0 \\ 1 \end{pmatrix}, \begin{pmatrix} 1 \\ 1 \\ 1 \end{pmatrix}, \begin{pmatrix} -1 \\ 1 \\ 0 \end{pmatrix} \right\}$ の線形独立性を調べなさい．

[解答例]

$a \begin{pmatrix} 2 \\ 0 \\ 1 \end{pmatrix} + b \begin{pmatrix} 1 \\ 1 \\ 1 \end{pmatrix} + c \begin{pmatrix} -1 \\ 1 \\ 0 \end{pmatrix} = \begin{pmatrix} 0 \\ 0 \\ 0 \end{pmatrix}$ となったとする．この式を成り立たせる (a, b, c) が $(0, 0, 0)$ に限るならば線形独立，$(0, 0, 0)$ 以外にもあるならば線形従属である．この関係式は，(2.1.2) により

$$\begin{pmatrix} 2 & 1 & -1 \\ 0 & 1 & 1 \\ 1 & 1 & 0 \end{pmatrix} \begin{pmatrix} a \\ b \\ c \end{pmatrix} = \begin{pmatrix} 0 \\ 0 \\ 0 \end{pmatrix}$$

と書けるから，この連立1次方程式を解いてみよう．右辺 ${}^t(0, 0, 0)$ を省略する．（注意 1.2.1 参照．）

$\begin{pmatrix} 2 & 1 & -1 \\ 0 & 1 & 1 \\ 1 & 1 & 0 \end{pmatrix} \xrightarrow{\substack{1\,行と\,3\,行を \\ 入れ替える}} \begin{pmatrix} 1 & 1 & 0 \\ 0 & 1 & 1 \\ 2 & 1 & -1 \end{pmatrix} \xrightarrow{3\,行-1\,行\times 2} \begin{pmatrix} 1 & 1 & 0 \\ 0 & 1 & 1 \\ 0 & -1 & -1 \end{pmatrix} \xrightarrow{3\,行+2\,行} \begin{pmatrix} 1 & 1 & 0 \\ 0 & 1 & 1 \\ 0 & 0 & 0 \end{pmatrix} \xrightarrow{\substack{自明な式を捨てる \\ 1\,行-2\,行}} \begin{pmatrix} 1 & 0 & -1 \\ 0 & 1 & 1 \end{pmatrix}$

これは

$$\begin{cases} a - c = 0 \\ b + c = 0 \end{cases}$$

を意味するから，$c = s$ とおくと ${}^t(a, b, c) = s\,{}^t(1, -1, 1)$ （s はパラメータ）が一般の解を与える．たとえば $s = 1$ ととると，係数 $(1, -1, 1)$ による上の3つの数ベクトルの線形結合がゼロベクトルとなる．すなわち，上の3つのベクトルは線形従属である．

2.4.3 部分空間

ベクトルの問題においては，$\mathbf{R}^m$ の部分集合で，線形結合について閉じているものについて考えると都合のよいことが多い．

【定義 2.4.3】（部分空間） $\mathbf{R}^m$ の部分集合 V が ベクトルの**線形結合に閉じている** (closed)，i.e.

$$\forall \boldsymbol{x}, \forall \boldsymbol{y} \in V, \ \forall a, \forall b \in \mathbf{R} \implies a\boldsymbol{x} + b\boldsymbol{y} \in V \tag{2.4.2}$$

が成り立つとき，「V を $\mathbf{R}^m$ の **部分空間** (subspace)」という．

!注意 2.4.4 条件 (2.4.2) は

(i) $\boldsymbol{x} + \boldsymbol{y} \in V$ （和に閉じている）， (ii) $a\boldsymbol{x} \in V$ （スカラー倍に閉じている）
$$\tag{2.4.3}$$

の 2 つに分解することができる．

例題 2.4.3（部分空間）

$$V_1 = \left\{ \begin{pmatrix} x_1 \\ x_2 \\ x_1 - x_2 \end{pmatrix} : x_1, x_2 \in \mathbf{R} \right\}, \quad V_2 = \left\{ \begin{pmatrix} 1 \\ x_2 \\ x_3 \end{pmatrix} : x_2, x_3 \in \mathbf{R} \right\},$$

$$V_3 = \left\{ \begin{pmatrix} x_1 \\ x_1^2 \\ x_2 \end{pmatrix} : x_1, x_2 \in \mathbf{R} \right\}, \quad V_4 = \left\{ \begin{pmatrix} x_1^3 \\ x_2 \\ x_1^3 - x_2 \end{pmatrix} : x_1, x_2 \in \mathbf{R} \right\}$$

において V_1, V_2, V_3, V_4 は $\mathbf{R}^3$ の部分空間か，判定しなさい．

[解答例] a, b をスカラーとする．

V_1 について

$$a \begin{pmatrix} x_1' \\ x_2' \\ x_1' - x_2' \end{pmatrix} + b \begin{pmatrix} x_1'' \\ x_2'' \\ x_1'' - x_2'' \end{pmatrix} = \begin{pmatrix} ax_1' + bx_1'' \\ ax_2' + bx_2'' \\ (ax_1' + bx_1'') - (ax_2' + bx_2'') \end{pmatrix} = \begin{pmatrix} x_1 \\ x_2 \\ x_1 - x_2 \end{pmatrix}$$

$$x_1 = ax_1' + bx_1'', \ x_2 = ax_2' + bx_2''$$

と書けるから，V_1 は線形結合に閉じていて，$\mathbf{R}^3$ の部分空間である．

V_2 について

$$\begin{pmatrix} 1 \\ x_2' \\ x_3' \end{pmatrix} + \begin{pmatrix} 1 \\ x_2'' \\ x_3'' \end{pmatrix} = \begin{pmatrix} 2 \\ x_2' + x_2'' \\ x_3' + x_3'' \end{pmatrix}$$

において右辺の第 1 成分は 1 でない．したがって，V_2 は線形結合に閉じていないから，$\mathbf{R}^3$ の部分空間でない．

!注意 2.4.5 (2.4.2) において $a = b = 0$ ととると，$\mathbf{0} \in V$ となる．しかし，V_2 は $\mathbf{0}$ を含まない．この点からも V_2 が部分空間でないことがわかる．

$$\boxed{\text{部分空間は必ず } \mathbf{0} \text{ を含む．}}$$

V_3 について

$$a \begin{pmatrix} x_1' \\ x_1'^2 \\ x_2' \end{pmatrix} + b \begin{pmatrix} x_1'' \\ x_1''^2 \\ x_2'' \end{pmatrix} = \begin{pmatrix} ax_1' + bx_1'' \\ ax_1'^2 + bx_1''^2 \\ ax_2' + bx_2'' \end{pmatrix}$$

である．右辺の第 1 成分を x_1 とおいて，第 2 成分が x_1^2 となるためには，$(ax_1' + bx_1'')^2 = ax_1'^2 + bx_1''^2$ でなければならない．すなわち，$a \neq 0$, $b \neq 0$ の場合，$x_1' x_1'' = 0$ でなければならない．しかし，これは一般には成り立たない．(たとえば，$x_1' = x_1'' = 1$ ととってみよ．) すなわち，V_3 は $\mathbf{R}^3$ の部分空間でない．

V_4 について $x_1^3 = x_3$ とおくと，x_1 が $\mathbf{R}$ を動くとき x_3 も $\mathbf{R}$ 全体を動く．

$$V_4 = \left\{ \begin{pmatrix} x_3 \\ x_2 \\ x_3 - x_2 \end{pmatrix} : x_2, x_3 \in \mathbf{R} \right\}$$

となり，V_1 と一致する．すなわち，V_4 は $\mathbf{R}^3$ の部分空間である．

(見た目に惑わされないように．部分空間は「線形」すなわち「一次」でなければならないが，「本質的に一次」ということで，適当にパラメータを取り替えると解消する非一次は部分空間であることを妨げない．)

!注意 2.4.6 $\mathbf{R}^2$ の部分空間は $\{\mathbf{0}\}$, $\{a\boldsymbol{x}_\circ : a \in \mathbf{R}\}$ ($\boldsymbol{x}_\circ \neq \mathbf{0}$, 原点を通る直線),

$\mathbf{R}^2$ の3種類しかない．いずれも**真っ直ぐ**である．したがって**線形**という．なお，数学においては，全空間も部分空間の1つである．

2次元空間はいささか単純である．

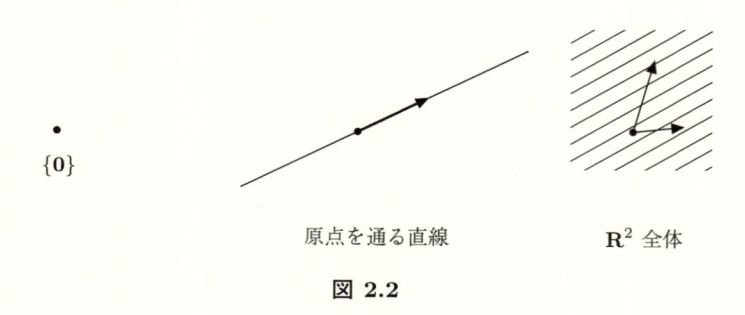

原点を通る直線　　　　　$\mathbf{R}^2$ 全体

図 2.2

!注意 2.4.7　$\mathbf{R}^3$ の部分空間は $\{\mathbf{0}\}$, $\{a\boldsymbol{x}_\circ : a \in \mathbf{R}\}$ ($\boldsymbol{x}_\circ \neq \mathbf{0}$, 原点を通る直線, $\{a\boldsymbol{x}_1 + b\boldsymbol{x}_2 : a, b \in \mathbf{R}\}$ ($\boldsymbol{x}_1$ と $\boldsymbol{x}_2$ は線形独立, 原点を通る平面), $\mathbf{R}^3$ の4種類がある．いずれもやはり**真っ直ぐ**である．

3次元空間くらいの複雑さがあれば一般的モデルとして十分である．3次元空間は正確に平面上に描くことはできないが，われわれが住んでいる空間であるから，それらしい絵を平面上に描いて想像力で補うことができる．3次元空間に慣れよう．

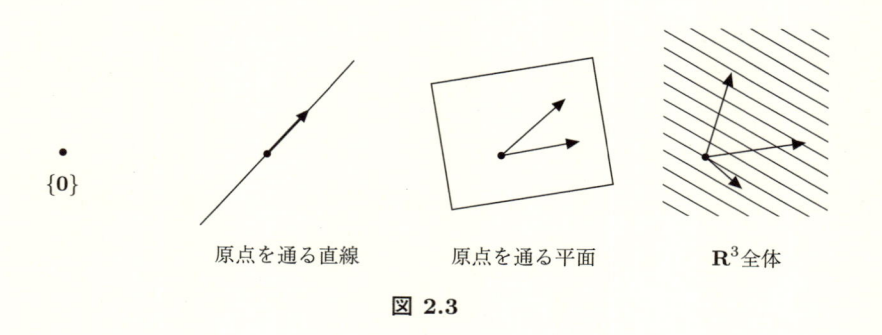

原点を通る直線　　　原点を通る平面　　　$\mathbf{R}^3$ 全体

図 2.3

!注意 2.4.8　$\mathbf{R}^2$ において，放物線も双曲線も本質的に2次だから部分空間にならない．真っ直ぐだけでは特殊すぎて役に立たないのではないかと危惧するかもしれない．しかし，曲がった図形でも近似として接線でよい場合は，曲線も接点を原点とする瞬間的直線と考えればよい．この事情は3次元以上における曲線や曲面などでも同じである．多変数の積分において積分変数を変換すると「ヤコビアン」という行列式（第4章参照）が出てくることが象徴的にこの間の事情を反映している．

命題 2.4.2 V と W が ($\mathbf{R}^m$ の) 部分空間のとき, $V \cap W$ もまた部分空間となる.

《証明》 $\bm{v}_1$ と $\bm{v}_2$ を $V \cap W$ のベクトル, a_1 と a_2 をスカラーとする. $\bm{v}_1, \bm{v}_2 \in V$ かつ V が部分空間であるから, $a_1\bm{v}_1 + a_2\bm{v}_2 \in V$ である. 同様にして, $a_1\bm{v}_1 + a_2\bm{v}_2 \in W$ でもある. したがって, $a_1\bm{v}_1 + a_2\bm{v}_2 \in V \cap W$ である. $V \cap W$ は線形結合に閉じているから部分空間である. □

!注意 2.4.9 V と W が ($\mathbf{R}^m$ の) 部分空間のとき, $V \cap W$ は部分空間であるが, $V \cup W$ は一方が他方に含まれるときを除いて部分空間ではない.

■例 2.4.1 $V = \left\{ {}^t(s, t, 0) \ : \ s, t \in \mathbf{R} \right\}$, $W = \left\{ {}^t(0, u, v) \ : \ u, v \in \mathbf{R} \right\}$ とする. このとき, $V \cap W = \left\{ {}^t(0, r, 0) \ : \ r \in \mathbf{R} \right\}$ となり, $\mathbf{R}^3$ の部分空間である.

一方, $V \cup W = \left\{ {}^t(s, t, 0), \ {}^t(0, u, v) \ : \ s, t, u, v \in \mathbf{R} \right\}$ は部分空間でない. $V \cup W$ を含む部分空間は $\mathbf{R}^3$ になってしまう. (2.7 節参照.)

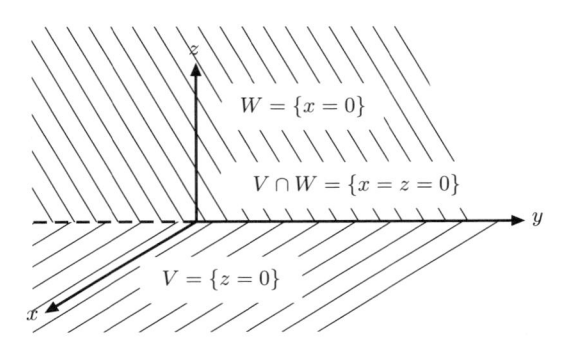

図 2.4

2.4.4 部分空間の生成

部分空間を考えると都合がよいのだが, $\mathbf{R}^m$ の集合 D が単なる部分集合で部分空間になっていないことがある. そのときは, D を含む最小の部分空間を考えるとよい. D は有限集合でも無限集合でもよい.

【定義 2.4.4】(D が生成する部分空間)

$$\langle D \rangle = \{D \text{ の有限個のベクトルの線形結合}\}$$

を「D で**生成される** (generated by D)(あるいは D で**張られる** (spanned by D) 部分空間」という．

D が具体的に $\left\{\begin{pmatrix}1\\2\\3\end{pmatrix}, \begin{pmatrix}2\\-1\\1\end{pmatrix}, \begin{pmatrix}0\\1\\1\end{pmatrix}\right\}$ のように与えられたときは，

$\left\langle\left\{\begin{pmatrix}1\\2\\3\end{pmatrix}, \begin{pmatrix}2\\-1\\1\end{pmatrix}, \begin{pmatrix}0\\1\\1\end{pmatrix}\right\}\right\rangle$ と書かずに $\left\langle\begin{pmatrix}1\\2\\3\end{pmatrix}, \begin{pmatrix}2\\-1\\1\end{pmatrix}, \begin{pmatrix}0\\1\\1\end{pmatrix}\right\rangle$ と書く．

例題 2.4.4（生成された部分空間）

$V = \left\langle\begin{pmatrix}1\\2\\3\end{pmatrix}, \begin{pmatrix}2\\-1\\1\end{pmatrix}, \begin{pmatrix}0\\1\\1\end{pmatrix}\right\rangle$ は $\mathbf{R}^3$ に一致するか，判定しなさい．

[解答例] $\mathbf{R}^3$ の任意の元 ${}^t(a, b, c)$ に対して，適当なスカラー x, y, z があって，

$$x\begin{pmatrix}1\\2\\3\end{pmatrix} + y\begin{pmatrix}2\\-1\\1\end{pmatrix} + z\begin{pmatrix}0\\1\\1\end{pmatrix} = \begin{pmatrix}a\\b\\c\end{pmatrix}$$

となるならば，$V = \mathbf{R}^3$ である．すなわち，(2.1.2) により，連立一次方程式

$$\begin{pmatrix}1 & 2 & 0\\2 & -1 & 1\\3 & 1 & 1\end{pmatrix}\begin{pmatrix}x\\y\\z\end{pmatrix} = \begin{pmatrix}a\\b\\c\end{pmatrix}$$

がすべての実数 a, b, c に対して解をもつかどうかを判定すればよい．

$$\begin{pmatrix}1 & 2 & 0 & a\\2 & -1 & 1 & b\\3 & 1 & 1 & c\end{pmatrix} \xrightarrow[\text{3 行}-\text{1 行}\times 3]{\text{2 行}-\text{1 行}\times 2} \begin{pmatrix}1 & 2 & 0 & a\\0 & -5 & 1 & b-2a\\0 & -5 & 1 & c-3a\end{pmatrix} \xrightarrow{\text{3 行}-\text{2 行}} \begin{pmatrix}1 & 2 & 0 & a\\0 & -5 & 1 & b-2a\\0 & 0 & 0 & -a-b+c\end{pmatrix}$$

したがって，$a+b-c \neq 0$ の場合，不可能な式が現れるので解がない．すなわち，この場合は $^t(a,b,c)$ は V に属さないことがわかる．したがって，$V \neq \mathbf{R}^3$ である．

🖉 「生成する」のイメージは，扇の両端の竹の棒のようなものである．2 つの竹の棒の間に線形結合により「扇面」ができる．線形代数の場合，線形結合の係数は負も含めた実数すべてであるから，できる面は 2 つの棒の間に留まらず，平面として広がる．

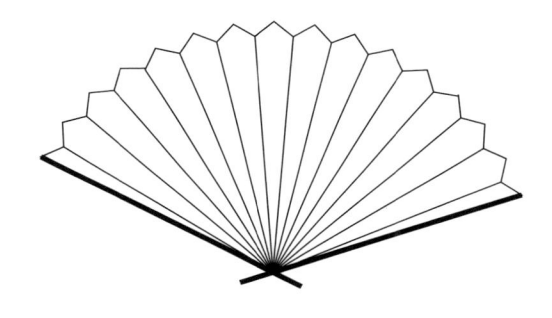

図 2.5

❗**注意 2.4.10** 2 つの棒の間の扇の骨はあってもなくても扇面ができる．これは，あるベクトル達が部分空間を生成すると，それらのベクトルに線形従属なベクトルを追加しても生成する部分空間は広がらないこと，すなわち「線形結合の原理 (2.4.1)」を反映している．このことにより，V が部分空間ならば $\langle V \rangle = V$，したがって，単なる部分集合 D についても $\langle \langle D \rangle \rangle = \langle D \rangle$ である．

2.5 基底と次元

線形代数においては，あるベクトル達の情報がわかると，そのベクトル達の線形結合で表されるベクトルの情報も自動的に得られる．したがって，部分空間 V のすべてのベクトルが，あるベクトル達の組 $\{v_1, v_2, \ldots, v_n\}$ の線形結合で表せたら，V のすべてのベクトルを調べなくても $\{v_1, v_2, \ldots, v_n\}$ だけを調べておけばよい．そのようなベクトルの組でも，なるべく少ないベクトルからなるもののほうが調べる手間が少なくてすむから便利である．

【定義 2.5.1】(基底) 部分空間 V に対して,

(1) $\quad V = \langle \bm{v}_1, \bm{v}_2, \ldots, \bm{v}_n \rangle \qquad (2.5.1)$

すなわち,任意の V のベクトルが $\{\bm{v}_j\}_{j=1}^n$ の線形結合で書ける.

(2) $\quad \{\bm{v}_1, \bm{v}_2, \ldots, \bm{v}_n\}$ は線形独立 $\qquad (2.5.2)$

の 2 つの条件を満たすベクトルの組 $\{\bm{v}_1, \bm{v}_2, \ldots, \bm{v}_n\}$ を V の**基底** (basis) という.

上の 2 条件は下記の形に 1 つにまとめられる:

> 任意の V のベクトルが $\{\bm{v}_j\}$ の線形結合で**ただ 1 通り**に書ける. $\qquad (2.5.3)$

(1) は,基底が V を生成することを,(2) は V を生成するベクトル達が無駄のないように最小限に絞り込まれていることを意味している.

基底のイメージは(正確ではないが),テントの柱のようなものである.柱が揃っているとテントの布面がしっかり広がるが,柱の 1 本でも倒れると直ちに布面が崩れる.

$\mathbf{R}^m$ において,$\bm{e}_k = {}^t(0, \ldots, 0, \overset{k}{1}, 0, \ldots, 0)$ とおく.

$$\begin{pmatrix} x_1 \\ x_2 \\ \vdots \\ x_m \end{pmatrix} = x_1 \bm{e}_1 + x_2 \bm{e}_2 + \cdots + x_m \bm{e}_m$$

と書けるし,$\{\bm{e}_k\}_{k=1}^m$ は線形独立だから,$\{\bm{e}_k\}_{k=1}^m$ は $\mathbf{R}^m$ の基底である.この基底を $\mathbf{R}^m$ の**標準基底** (canonical basis) という.基底は標準基底以外にも多様にとれる.

例題 2.4.3 の V_1 のベクトルについて

$$\begin{pmatrix} x_1 \\ x_2 \\ x_1 - x_2 \end{pmatrix} = x_1 \begin{pmatrix} 1 \\ 0 \\ 1 \end{pmatrix} + x_2 \begin{pmatrix} 0 \\ 1 \\ -1 \end{pmatrix}$$

が成り立つから,$V_1 = \left\langle \begin{pmatrix} 1 \\ 0 \\ 1 \end{pmatrix}, \begin{pmatrix} 0 \\ 1 \\ -1 \end{pmatrix} \right\rangle$ である.なお,$\begin{pmatrix} 1 \\ 0 \\ 1 \end{pmatrix}$ と $\begin{pmatrix} 0 \\ 1 \\ -1 \end{pmatrix}$ は線

形独立である．したがって，$\left\{\begin{pmatrix}1\\0\\1\end{pmatrix}, \begin{pmatrix}0\\1\\-1\end{pmatrix}\right\}$ は V_1 の基底である．

このように，線形独立なベクトルで生成された部分空間の基底は，そのベクトル達がそのまま基底にとれる．しかし，線形従属なベクトル達で生成される部分空間の場合はそうはいかない．

⟨$a_1, a_2, \ldots, a_n$⟩ の基底のとり方

縦ベクトルの間で，生成される空間が変わらないように可逆な線形結合を繰り返して，線形独立なベクトルを拾い出せばよい．

行列 $(a_1, a_2, \ldots, a_n)$ に

「**列に関する基本変形** (elementary transformation on column)

(I)　　ある列を何倍かして別の列に加える．
(II)　　ある列と別の列を入れ替える．
(III)　　ある列を**ゼロでない**定数倍する．

をほどこして残ったゼロベクトル以外のベクトルを採用すればよい．

例題 2.5.1（基底の見つけ方）

$V = \left\langle \begin{pmatrix}1\\1\\-1\end{pmatrix}, \begin{pmatrix}1\\2\\2\end{pmatrix}, \begin{pmatrix}1\\4\\8\end{pmatrix} \right\rangle$ に 1 組基底をとりなさい．

[解答例]　V を生成する縦ベクトルを並べて行列を作り，列に関する基本変形の前進消去を行う．その結果得られた行列のゼロベクトル以外の列をとり出せば，互いに線形独立で V を生成するベクトルの組，すなわち基底になっている．（さらに後退消去も行うと，いっそう単純なベクトルによる基底が得られる．）

$$\begin{pmatrix}1 & 1 & 1\\1 & 2 & 4\\-1 & 2 & 8\end{pmatrix} \xrightarrow[3列-1列]{2列-1列} \begin{pmatrix}1 & 0 & 0\\1 & 1 & 3\\-1 & 3 & 9\end{pmatrix} \xrightarrow{3列-2列\times 3} \begin{pmatrix}1 & 0 & 0\\1 & 1 & 0\\-1 & 3 & 0\end{pmatrix} \left[\xrightarrow{1列-2列} \begin{pmatrix}1 & 0 & 0\\0 & 1 & 0\\-4 & 3 & 0\end{pmatrix}\right]$$

よって $\left\{\begin{pmatrix}1\\1\\-1\end{pmatrix}, \begin{pmatrix}0\\1\\3\end{pmatrix}\right\}$ あるいは $\left\{\begin{pmatrix}1\\0\\-4\end{pmatrix}, \begin{pmatrix}0\\1\\3\end{pmatrix}\right\}$ が V の基底である.
(どちらを採用してもよい.)

このように, 具体的な例においては基底が見つけられるが, いかなる部分空間でも基底は存在するのであろうか? この問題に関しては「有限次元」であれば言葉のあやのような議論で存在が示せる.

【定義 2.5.2】(次元)　部分空間 V における線形独立なベクトルの最大数を V の次元 (dimension) といい, $\dim V$ と書く. V にいくらでもたくさんの線形独立なベクトルの組がとれるとき, V は無限次元といい, $\dim V = \infty$ と書く.

次元とは, 部分空間が広がる独立な方向の数である.

!注意 2.5.1　($\mathbf{R}^m$ の) 部分空間 V と W において包含関係 $W \subset V$ が成り立っていれば, 定義より直ちに $\dim W \leq \dim V$ がわかる. (下の定理 2.5.1 (iii) により「$W \subset V$ かつ $W \neq V \iff \dim W < \dim V$」がわかる.)

ある部分空間の次元を知るのに, 定義に従って調べるのはわかりにくく得策でない. 有限次元の場合に限ると, 懸案の「基底の存在」や基底を構成するベクトルの数と次元の関係に関する下記の定理が成り立ち, それを適用すると, 部分空間の次元を容易に調べることができる.

定理 2.5.1 (次元と, 基底を構成するベクトルの数との関係)

(i) ($\mathbf{R}^m$ の部分空間) V が p 次元ならば ($p < \infty$),

> V における線形独立な p 個のベクトルは V の基底をなす.
> また, 次元の定義により, V に線形独立な p 個のベクトルが存在する.
> (基底の存在)

(ii) ($\mathbf{R}^m$ の部分空間) V が p 次元ならば ($p < \infty$), V のすべての基底は p 個のベクトルからなる.

> $$\text{次元} = \text{基底を構成するベクトルの数} \qquad (2.5.4)$$

(iii) ($\mathbf{R}^m$ の部分空間) V, W について考える.

$$W \subset V \text{ の前提の下に, } W = V \iff \dim W = \dim V$$

(iv) ($\mathbf{R}^m$ の部分空間) V, W が $W \subset V$ を満たし $\dim W = q < p = \dim V$ とする.このとき,W の任意の基底 $\{w_k\}_{1 \leq k \leq q}$ に対して,適当な V のベクトル $\{v_i\}_{1 \leq i \leq p-q}$ があって,$\{w_k\}_{1 \leq k \leq q} \cup \{v_i\}_{1 \leq i \leq p-q}$ が V の基底となる.

(i) の《証明》 $\{v_j\}_{j=1}^p$ が線形独立とする.任意の V のベクトル x について,次元の定義により,$\{x\} \cup \{v_j\}_{j=1}^p$ は線形従属である.補題 2.4.1 (2) により,x が $\{v_j\}_{j=1}^p$ の線形結合で書ける.条件 (2.5.1), (2.5.2) が成り立つから,$\{v_j\}$ は V の基底である. □

(ii) を証明するには,「置き換え定理」が必要となる.

補題 2.5.2（置き換え定理） $\{v_j\}_{j=1}^q$ と $\{w_k\}_{k=1}^r$ が共に部分空間 V の基底であるとする.任意の $j_\circ$ に対して,適当な $k_\circ$ をとると,$\{v_j\}_{j=1}^q$ から $v_{j_\circ}$ を除いて $w_{k_\circ}$ を付け加えた

$$\{v_j\}_{1 \leq j \leq q, j \neq j_\circ} \cup \{w_{k_\circ}\}$$

もまた,V の基底である.

《証明》 $\{v_j\}_{1 \leq j \leq q, j \neq j_\circ} \cup \{w_k\}$ ($1 \leq k \leq r$) を考えると,少なくとも 1 つ $k_\circ$ があって,$\{v_j\}_{1 \leq j \leq q, j \neq j_\circ} \cup \{w_{k_\circ}\}$ が線形独立である.

($\{v_j\}_{1 \leq j \leq q, j \neq j_\circ} \cup \{w_k\}$ が線形従属ならば,$\{v_j\}_{1 \leq j \leq q, j \neq j_\circ}$ の線形独立性により補題 2.4.1 (2) を適用すると,w_k が $\{v_j\}_{1 \leq j \leq q, j \neq j_\circ}$ の線形結合で書ける.もし,すべての $1 \leq k \leq r$ について $\{v_j\}_{1 \leq j \leq q, j \neq j_\circ} \cup \{w_k\}$ が線形従属ならば,すべての w_k が $\{v_j\}_{1 \leq j \leq q, j \neq j_\circ}$ の線形結合で書ける.一方,$\{w_k\}_{1 \leq k \leq r}$ が基底であることから,$v_{j_\circ}$ は $\{w_k\}_{1 \leq k \leq r}$ の線形結合で書ける.したがって,線形結合の原理 (2.4.1) により,$v_{j_\circ}$ が $\{v_j\}_{1 \leq j \leq q, j \neq j_\circ}$ の線形結合で書けることになる.補題 2.4.1 (1) により,$\{v_j\}_{j=1}^q$ が線形従属となり,基底であることに反する.)

$\{v_j\}_{1 \leq j \leq q, j \neq j_\circ} \cup \{w_{k_\circ}\}$ が線形独立で,$\{v_j\}_{j=1}^q \cup \{w_{k_\circ}\}$ が線形従属である

から補題 2.4.1 (2) を適用すると，$v_{j_\circ}$ が $\{v_j\}_{1\leq j\leq q, j\neq j_\circ} \cup \{w_{k_\circ}\}$ の線形結合で書ける．任意の V のベクトル x は $\{v_j\}_{j=1}^{q}$ の線形結合で書けるから，再び線形結合の原理 (2.4.1) により，x が $\{v_j\}_{1\leq j\leq q, j\neq j_\circ} \cup \{w_{k_\circ}\}$ の線形結合で書ける．かくして，x が $\{v_j\}_{1\leq j\leq q, j\neq j_\circ} \cup \{w_{k_\circ}\}$ は基底の条件 (2.5.1), (2.5.2) を満たす． □

(ii) の《証明》 q 個のベクトルからなる基底 $\{v_j\}_{1\leq j\leq q}$ と r 個のベクトルからなる基底 $\{w_k\}_{1\leq k\leq r}$ を考える．$q<r$ と仮定して矛盾を導こう．

補題 2.5.2 により，1 に対して k_1 があって，$\{v_j\}_{2\leq j\leq q}\cup\{w_{k_1}\}$ も V の基底となる．次に，2 に対して k_2 があって，$\{v_j\}_{3\leq j\leq q}\cup\{w_{k_1}, w_{k_2}\}$ も V の基底となる．基底は線形独立だから $k_1\neq k_2$ である．これを q 回繰り返すと，相異なる $\{k_i\}_{1\leq i\leq q}$ があって，$\{w_{k_i}\}_{1\leq i\leq q}$ が V の基底となる．$q<r$ であったから，ある $k_\circ$ ($1\leq k_\circ\leq r$) があって $\{k_i\}_{1\leq i\leq q}$ に含まれない．$\{w_{k_i}\}_{1\leq i\leq q}$ が V の基底であるから，$w_{k_\circ}$ は $\{w_{k_i}\}_{1\leq i\leq q}$ の線形結合で書ける．これは，$\{w_k\}_{1\leq k\leq r}$ が線形従属であることを意味し，$\{w_k\}_{1\leq k\leq r}$ が基底であることに反する．

$q>r$ の場合は，$\{v_j\}$ と $\{w_k\}$ の立場を入れ替えて同じ議論をすればやはり矛盾が生ずる．以上より，$q=r$ でなければならない．

ところで，(i) により，V には $p\,(=\dim V)$ 個からなる基底が存在する．したがって，すべての基底は p 個のベクトルからなる． □

(iii) の《証明》 ($\Longrightarrow$) 次元の定義により，$W=V$ ならば $\dim W=\dim V$ である．

($\Longleftarrow$) $\dim W=\dim V=p$ とする．次元の定義と (i) により，W は p 個からなる基底をもつ．$W\subset V$ かつ $\dim V=p$ だから，(i) により，この基底は V の基底でもある．よって，基底の条件 (2.5.1) により，$W=V$ である． □

(iv) の《証明》 (iii) により，W が V の真部分集合である．よって，ある $v_1\in V$ があって，$\{w_k\}_{1\leq k\leq q}\cup\{v_1\}$ が線形独立である．$W_1=\langle\{w_k\}_{1\leq k\leq q}\cup\{v_1\}\rangle$ とおこう．(ii) より，$\dim W_1=q+1$ である．$q+1=p$ ならば，(iv) の証明は終わった．

$q+1<p$ ならば，W と $\{w_k\}_{1\leq k\leq q}$ の代わりに W_1 と $\{w_k\}_{1\leq k\leq q}\cup\{v_1\}$ について同様の議論をする．これを $p-q$ 回繰り返せば，(iv) を得る． □

定理 2.5.1 (iv) の実践として例題を解いてみよう．

例題 2.5.2 下の 2 つの線形独立なベクトルの組に加えて，3 つのベクトルが $\mathbf{R}^3$ の基底をなすように第 3 のベクトルを 1 つとりなさい．

$$\{ {}^t(1, 2, 0), \quad {}^t(0, 2, -1) \}$$

[解答例] $\mathbf{R}^3$ は 3 次元だから，定理 2.5.1 (i) により，3 つの線形独立なベクトルが基底をなす．したがって，$a \begin{pmatrix} 1 \\ 2 \\ 0 \end{pmatrix} + b \begin{pmatrix} 0 \\ 2 \\ -1 \end{pmatrix} + c \begin{pmatrix} x \\ y \\ z \end{pmatrix} = \begin{pmatrix} 0 \\ 0 \\ 0 \end{pmatrix}$ となる ${}^t(a, b, c)$ が ${}^t(0, 0, 0)$ に限るように ${}^t(x, y, z)$ をとりたい．すなわち，

$$\begin{pmatrix} 1 & 0 & x \\ 2 & 2 & y \\ 0 & -1 & z \end{pmatrix} \begin{pmatrix} a \\ b \\ c \end{pmatrix} = \begin{pmatrix} 0 \\ 0 \\ 0 \end{pmatrix}$$

が自明な解 ${}^t(a, b, c) = {}^t(0, 0, 0)$ のみをもつように ${}^t(x, y, z)$ をとればよい．斉次方程式だから，右辺の ${}^t(0, 0, 0)$ を省略する．

$$\begin{pmatrix} 1 & 0 & x \\ 2 & 2 & y \\ 0 & -1 & z \end{pmatrix} \xrightarrow{2\text{行}-1\text{行}\times 2} \begin{pmatrix} 1 & 0 & x \\ 0 & 2 & y-2x \\ 0 & -1 & z \end{pmatrix} \xrightarrow[2\text{行と}3\text{行を入れ替え}]{3\text{行}\times(-1)} \begin{pmatrix} 1 & 0 & x \\ 0 & 1 & -z \\ 0 & 2 & y-2x \end{pmatrix} \xrightarrow{3\text{行}-2\text{行}\times 2} \begin{pmatrix} 1 & 0 & x \\ 0 & 1 & -z \\ 0 & 0 & -2x+y+2z \end{pmatrix}$$

よって，$-2x+y+2z \neq 0$ となるように x, y, z を選べば，1.2.3 項の後退消去の (2 の 1) の場合になり $a = b = c = 0$ でなければならない．たとえば，$x = 0$, $y = 1$, $z = 0$ ととればよい．

第 3 のベクトルとして，たとえば ${}^t(0, 1, 0)$ をとればよい．

2.6　線形独立と生成された部分空間の次元の関係

ベクトル達が線形独立か否かを，それらのベクトル達が生成する部分空間の次元で判定できる．

命題 2.6.1

(i) $\{\boldsymbol{a}_1, \boldsymbol{a}_2, \cdots, \boldsymbol{a}_n\}$ が線形独立 $\iff$ $\dim\langle \boldsymbol{a}_1, \boldsymbol{a}_2, \cdots, \boldsymbol{a}_n\rangle = n$

(ii) $\{\boldsymbol{a}_1, \boldsymbol{a}_2, \cdots, \boldsymbol{a}_n\}$ が線形従属 $\iff$ $\dim\langle \boldsymbol{a}_1, \boldsymbol{a}_2, \cdots, \boldsymbol{a}_n\rangle < n$

(iii) $\boldsymbol{b} \in \langle \boldsymbol{a}_1, \boldsymbol{a}_2, \cdots, \boldsymbol{a}_n\rangle$
$\iff \dim\langle \boldsymbol{a}_1, \boldsymbol{a}_2, \cdots, \boldsymbol{a}_n, \boldsymbol{b}\rangle = \dim\langle \boldsymbol{a}_1, \boldsymbol{a}_2, \cdots, \boldsymbol{a}_n\rangle$

(iv) $\boldsymbol{b} \notin \langle \boldsymbol{a}_1, \boldsymbol{a}_2, \cdots, \boldsymbol{a}_n\rangle$
$\iff \dim\langle \boldsymbol{a}_1, \boldsymbol{a}_2, \cdots, \boldsymbol{a}_n, \boldsymbol{b}\rangle = \dim\langle \boldsymbol{a}_1, \boldsymbol{a}_2, \cdots, \boldsymbol{a}_n\rangle + 1$

《証明》 (i) ($\Rightarrow$) $\{\boldsymbol{a}_1, \boldsymbol{a}_2, \cdots, \boldsymbol{a}_n\}$ が $\langle \boldsymbol{a}_1, \boldsymbol{a}_2, \cdots, \boldsymbol{a}_n\rangle$ の基底になるから明らかである.

($\Leftarrow$) 次元の定義により，成り立つ.

(ii) いかなる場合にも $\langle \boldsymbol{a}_1, \boldsymbol{a}_2, \cdots, \boldsymbol{a}_n\rangle \leq n$ であるから，(ii) は (i) の対偶である.

(iii) 線形結合の原理 (2.4.1) により,

$$\boldsymbol{b} \in \langle \boldsymbol{a}_1, \boldsymbol{a}_2, \cdots, \boldsymbol{a}_n\rangle \iff \langle \boldsymbol{a}_1, \boldsymbol{a}_2, \cdots, \boldsymbol{a}_n, \boldsymbol{b}\rangle = \langle \boldsymbol{a}_1, \boldsymbol{a}_2, \cdots, \boldsymbol{a}_n\rangle$$

であるから，定理 2.5.1 (iii) により，この命題が成り立つ.

(iv) 定理 2.5.1 により，$\dim\langle \boldsymbol{a}_1, \boldsymbol{a}_2, \cdots, \boldsymbol{a}_n, \boldsymbol{b}\rangle \leq \dim\langle \boldsymbol{a}_1, \boldsymbol{a}_2, \cdots, \boldsymbol{a}_n\rangle + 1$ であるから，(iv) は (iii) の対偶である. □

!注意 2.6.1 この命題は理論のためにあると思ったほうがよい. 実際，(i), (ii) において，例題 2.4.2 のやり方でじかに線形独立性を調べるのと，例題 2.5.1 のやり方で $\langle \boldsymbol{a}_1, \boldsymbol{a}_2, \cdots, \boldsymbol{a}_n\rangle$ の基底を求めて基底のベクトルの個数から次元を知るのと，ほぼ同じ手間である.

(iii), (iv) においては，例題 2.4.4 の考え方で $A = (\boldsymbol{a}_1, \boldsymbol{a}_2, \cdots, \boldsymbol{a}_n)$, $\boldsymbol{x} = {}^t(x_1, x_2, \ldots, x_n)$ とおいて，$A\boldsymbol{x} = \boldsymbol{b}$ を解いて解があるかどうかを調べるほうが，$\langle \boldsymbol{a}_1, \boldsymbol{a}_2, \cdots, \boldsymbol{a}_n, \boldsymbol{b}\rangle$, $\langle \boldsymbol{a}_1, \boldsymbol{a}_2, \cdots, \boldsymbol{a}_n\rangle$ の 2 つの空間にそれぞれ基底をとって次元を比べるより，手間が半分ですむ.

2.7 ベクトル空間の和と次元定理

この章の最後に「ベクトル空間に関する次元定理 (dimension thorem on vector space)」を証明しておこう.

【定義 2.7.1】(ベクトル空間の和と直和)

(1) ($\mathbf{R}^m$ の) 部分空間の族 $\{V_k\}_{1 \leq k \leq r}$ に対して,
$$\left\{ \sum_{k=1}^{r} \boldsymbol{v}_k \,\middle|\, \boldsymbol{v}_k \in V_k \ (1 \leq k \leq r) \right\} \tag{2.7.1}$$
を $\{V_k\}_{1 \leq k \leq r}$ の和 (sum of $\{V_k\}_{1 \leq k \leq r}$) といい, $V_1 + \cdots + V_r$ あるいは $\sum_{k=1}^{r} V_k$ と書く.

(2) ベクトル空間の和において,
$$\sum_{1 \leq k \leq r, \, k \neq k_\circ} V_k \cap V_{k_\circ} = \{\boldsymbol{0}\} \qquad (1 \leq k_\circ \leq r) \tag{2.7.2}$$
が成り立つとき, 特に直和 (direct sum) といい, $V_1 \oplus \cdots \oplus V_r$ あるいは $\bigoplus_{k=1}^{r} V_k$ と書く.

V, W が共に $\mathbf{R}^m$ の部分空間とする. 明らかに $V + W$ は $V \cup W$ を含む最小の部分空間である. 一方, 命題 2.4.2 により $V \cap W$ は部分空間である.（第 6 章で直和を用いると本質が見通しよくなる.）

定理 2.7.1 (部分空間に関する次元定理) ($\mathbf{R}^m$ の) 部分空間 V と W について
$$\dim(V + W) = \dim V + \dim W - \dim(V \cap W) \tag{2.7.3}$$
が成り立つ.

《証明》 $\dim V = p$, $\dim W = q$, $\dim V \cap W = r$ とする. 定理 2.5.1 (i) により, $V \cap W$ に基底 $\{\boldsymbol{u}_1, \boldsymbol{u}_2, \ldots, \boldsymbol{u}_r\}$ がとれる. 同じ定理の (iv) より, $V \setminus (V \cap W)$ のベクトル $\{\boldsymbol{v}_1, \boldsymbol{v}_2, \ldots, \boldsymbol{v}_{p-r}\}$ があって $\{\boldsymbol{u}_1, \boldsymbol{u}_2, \ldots, \boldsymbol{u}_r\} \cup \{\boldsymbol{v}_1, \boldsymbol{v}_2, \ldots, \boldsymbol{v}_{p-r}\}$ が V の基底となる. また, $W \setminus (V \cap W)$ のベクトル $\{\boldsymbol{w}_1, \boldsymbol{w}_2, \ldots, \boldsymbol{w}_{q-r}\}$ があって $\{\boldsymbol{u}_1, \boldsymbol{u}_2, \ldots, \boldsymbol{u}_r\} \cup \{\boldsymbol{w}_1, \boldsymbol{w}_2, \ldots, \boldsymbol{w}_{q-r}\}$ が W の基底となる. $\{\boldsymbol{u}_1, \boldsymbol{u}_2, \ldots, \boldsymbol{u}_r\} \cup \{\boldsymbol{v}_1, \boldsymbol{v}_2, \ldots, \boldsymbol{v}_{p-r}\} \cup \{\boldsymbol{w}_1, \boldsymbol{w}_2, \ldots, \boldsymbol{w}_{q-r}\}$ (この集合を D と書く) が $V + W$ の基底となることを示せば $\dim(V + W) = r + (p - r) + (q - r) = p + q - r$ がわかり, これが示すべき内容である.

D が $V + W$ の基底となることを示そう.

明らかに V のベクトルも W のベクトルも D のベクトルの線形結合で書け

るから，線形結合の原理 (2.4.1) により，$V+W$ のベクトルも D の線形結合で書けることになる．すなわち，条件 (2.5.1) は成り立っている．

条件 (2.5.2)「D の線形独立性」を示そう．$\sum_{i=1}^{r} a_i \boldsymbol{u}_i + \sum_{j=1}^{p-r} b_j \boldsymbol{v}_j + \sum_{k=1}^{q-r} c_k \boldsymbol{w}_k = \boldsymbol{0}$
として $a_i = 0\ (1 \leq i \leq r),\ b_j = 0\ (1 \leq j \leq p-r),\ c_k = 0\ (1 \leq k \leq q-r)$ を示せばよい．

$$\sum_{i=1}^{r} a_i \boldsymbol{u}_i + \sum_{j=1}^{p-r} b_j \boldsymbol{v}_j = -\sum_{k=1}^{q-r} c_k \boldsymbol{w}_k$$

と書ける．左辺は V の元であり，右辺は W の元であるから，上式の両辺は $V \cap W$ の元である．よって，上式の両辺は $\{\boldsymbol{u}_1, \boldsymbol{u}_2, \ldots, \boldsymbol{u}_r\}$ のみの線形結合で書ける．基底による表現の一意性 (2.5.3) により，$b_j = 0\ (1 \leq j \leq p-r)$, $c_k = 0\ (1 \leq k \leq q-r)$ である．これを上式に代入すると

$$\sum_{i=1}^{r} a_i \boldsymbol{u}_i = \boldsymbol{0}$$

となり，$\{\boldsymbol{u}_1, \boldsymbol{u}_2, \ldots, \boldsymbol{u}_r\}$ の線形独立性より $a_i = 0\ (1 \leq i \leq r)$ も従う． □

■**例 2.7.1** 再び，例 2.4.1 を取り上げよう．$V = \left\{{}^t(s, t, 0)\ :\ s, t \in \mathbf{R}\right\}$, $W = \left\{{}^t(0, u, v)\ :\ u, v \in \mathbf{R}\right\}$ であった．このとき，$V \cup W = \left\{{}^t(s, t, 0),\ {}^t(0, u, v)\ :\ s, t, u, v \in \mathbf{R}\right\}$ で部分空間になっていないが，$V + W = \mathbf{R}^3$ で部分空間になっている．一方，$V \cap W = \left\{{}^t(0, r, 0)\ :\ r \in \mathbf{R}\right\}$ であるから，$V+W$ は直和ではない．$\dim V = \dim W = 2,\ \dim(V+W) = \dim \mathbf{R}^3 = 3,\ \dim(V \cap W) = 1$ であるから，$\dim V + \dim W - \dim(V \cap W) = 2 + 2 - 1 = 3$ で，次元定理が成り立っている．（図 2.4 参照．）

演習問題

2.1 下のベクトルの線形結合を求めなさい．

(1) $\boldsymbol{x}_1 = {}^t(2, 2, 3),\ \boldsymbol{x}_2 = {}^t(-1, 1, 2),\ \boldsymbol{x}_3 = {}^t(3, -1, 2)$,
スカラー $a_1 = 1,\ a_2 = -1,\ a_3 = -2$

(2) $\boldsymbol{x}_1 = {}^t(3, 2, 1),\ \boldsymbol{x}_2 = {}^t(1, 0, -1),\ \boldsymbol{x}_3 = {}^t(-1, -2, -3)$,
スカラー $a_1 = 2,\ a_2 = 1,\ a_3 = -3$

2.2 次のベクトルの組は線形独立か？ 判定しなさい．

(1) $\left\{\begin{pmatrix}1\\0\\0\end{pmatrix}, \begin{pmatrix}2\\1\\0\end{pmatrix}, \begin{pmatrix}3\\2\\1\end{pmatrix}\right\}$, 　　(2) $\left\{\begin{pmatrix}1\\-1\\1\end{pmatrix}\right\}$,

(3) $\left\{\begin{pmatrix}1\\2\\3\end{pmatrix}, \begin{pmatrix}3\\2\\1\end{pmatrix}, \begin{pmatrix}1\\0\\1\end{pmatrix}\right\}$, 　　(4) $\left\{\begin{pmatrix}3\\2\\3\end{pmatrix}, \begin{pmatrix}1\\2\\1\end{pmatrix}, \begin{pmatrix}1\\0\\1\end{pmatrix}\right\}$

2.3 下の各集合は $\mathbf{R}^3$ の線形部分空間になっているか，判定しなさい．

(1) $V_1 = \{{}^t(-a, 2b, a+b) : a, b \in \mathbf{R}\}$,
(2) $V_2 = \{{}^t(a+1, -a, a-1) : a \in \mathbf{R}\}$,
(3) $V_3 = \{{}^t(0, 2a, 3a) : a \in \mathbf{R}\}$,
(4) $V_4 = \{{}^t(s, t+1, t+u+2) : s, t, u \in \mathbf{R}\}$

2.4 下記の各部分空間はそれぞれ $\mathbf{R}^3$ に一致するか否か判定しなさい．

(1) $\left\langle \begin{pmatrix}1\\1\\1\end{pmatrix}, \begin{pmatrix}2\\1\\0\end{pmatrix}, \begin{pmatrix}1\\2\\3\end{pmatrix}, \begin{pmatrix}3\\2\\1\end{pmatrix} \right\rangle$

(2) $\left\langle \begin{pmatrix}2\\1\\1\end{pmatrix}, \begin{pmatrix}2\\1\\0\end{pmatrix}, \begin{pmatrix}1\\2\\1\end{pmatrix}, \begin{pmatrix}3\\2\\1\end{pmatrix} \right\rangle$

2.5 下の 2 つのベクトルに加えると，3 つのベクトルが $\mathbf{R}^3$ の基底をなすような第 3 のベクトルを 1 つ選びなさい．(第 3 のベクトルの選び方は多数あるが，1 つあげればよい．)

(1) $\left\{\begin{pmatrix}1\\1\\1\end{pmatrix}, \begin{pmatrix}1\\2\\3\end{pmatrix}\right\}$, 　　(2) $\left\{\begin{pmatrix}1\\-2\\3\end{pmatrix}, \begin{pmatrix}-2\\4\\1\end{pmatrix}\right\}$

第3章
線形写像，行列のランク，そして基本変形による行列の標準形

　第2章でベクトル空間とベクトル空間に関する基礎的諸概念を導入した．この章ではベクトル空間の間の線形写像を定義し，連立一次方程式の可解性や解の一意性を線形写像の立場で特徴づける．さらに，その特徴付けを計算可能な形に書き直し，実際に計算してみよう．

　「行列のランク」がキーワードになり，ランクを保存する変形として「基本変形」が重要な働きをする．基本変形の各変形を「ある行列を掛ける」作用に書き直すことにより，方法であった「ガウス–ジョルダンの消去法」が理論に寄与するように生まれ変わる．

3.1　線形写像
3.1.1　写像
　まず，一般の写像に関わる用語を定義しよう．

【定義 3.1.1】（写像）
(1) 集合 X の任意の元 x に対して 集合 Y の元 $y = f(x)$ がただ1つ定められているとき，X から Y への**写像** (map) f が与えられている，という：

$$f : X \longrightarrow Y$$
$$x \longrightarrow y = f(x)$$

また，$y = f(x)$ において，y を x の（f による）**像** (image)，$\{x \in X : f(x) = y\}$ を y の（写像 f による）**原像** (preimage) という．像は Y の元であるが，原像は X の集合であり，複数の元を含むことも空集合であることもある．（原像が

ただ 1 つの元からなるとき，その元自身を「原像」ということもあるが，なるべくこの言い方は避けたほうが間違いが生じない．）X を原像集合，Y を像集合[1]という．

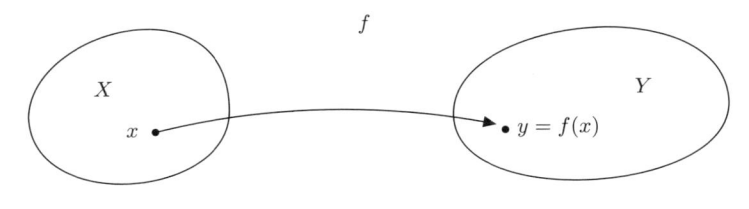

図 3.1

(2) $\{f(x) : x \in X\}$ を**写像 f の像** (image of f) といい，$\mathrm{Im}\, f$ と書く．

(3) $\mathrm{Im}\, f = Y$ のとき，f は全射 (surjection, onto-map) という．

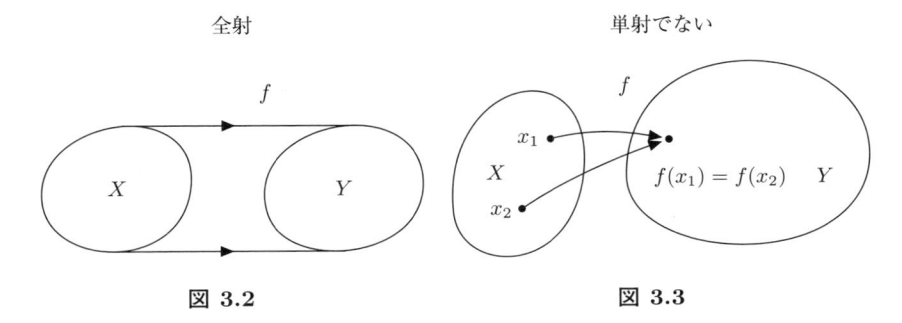

図 3.2　　　　図 3.3

(4) $f(x_1) = f(x_2)$ ならば $x_1 = x_2$ であるとき，f は単射 (injection) という．

(5) f が全射かつ単射のとき，f は全単射 (bijection) という．

(6) f が全単射のとき，$y = f(x)$ に x を対応させると Y から X への写像ができる．これを f の**逆写像** (inverse map) といい，f^{-1} と書く．$x = f^{-1}(y)$ は y の f^{-1} による像であるが，y の逆像 (inverse image) とも呼ぶ．

---

[1] 写像の用語として，原像集合を始集合・定義域，像集合を終集合・値域ということもあるが，展開する理論に応じて用語の用い方が異なることがある．本や論文を読むときに著者の定義を確かめる必要がある．なお，線形写像の場合，原像集合の代わりに原像空間 (inverse image space)，像集合の代わりに 像空間 (image space) という．

図 3.4

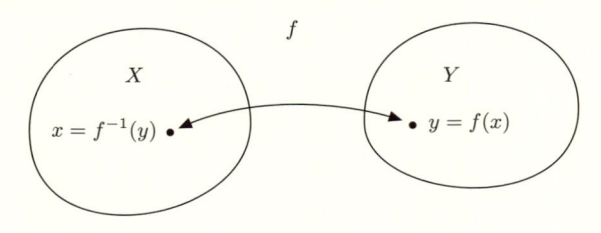

写像の例をいくつか挙げておこう．

■例 3.1.1（写像）

(1)
$$f : \mathbf{N} \longrightarrow \mathbf{N}$$
$$n \longrightarrow 2n$$

$\mathrm{Im}\, f$ は 自然数のうち，偶数のみである．したがって，f は単射であるが，全射ではない．

(2)
$$g : \mathbf{Z} \longrightarrow \mathbf{N} \cup \{0\}$$
$$n \longrightarrow |n|$$

明らかに，g は全射であるが，単射でない．

(3)
$$h : \mathbf{Z} \longrightarrow \mathbf{N} \cup \{0\}$$
$$n \longrightarrow \begin{cases} 2n & (n \geq 0) \\ 2|n| - 1 & (n < 0) \end{cases}$$

h は全単射である．逆写像 h^{-1} は

$$h^{-1} : \mathbf{N} \cup \{0\} \longrightarrow \mathbf{Z}$$
$$2n \longrightarrow n$$
$$2n - 1 \longrightarrow -n \quad (n \in \mathbf{N} \cup \{0\})$$

となる．

3.1.2 線形写像

写像の中でも，ベクトル空間の構造と折り合う写像を線形写像という．

3.1 線形写像

【定義 3.1.2】(線形写像)

(1) X と Y を $\mathbf{R}$ 上のベクトル空間とする．$\boldsymbol{x}_1, \boldsymbol{x}_2 \in X, a, b \in \mathbf{R}$ について

$$f(a\boldsymbol{x}_1 + b\boldsymbol{x}_2) = af(\boldsymbol{x}_1) + bf(\boldsymbol{x}_2)$$

が成り立つとき，f を X から Y への**線形写像** (linear map) という．

> 線形写像とは，線形結合をとる作業と写像する作業の，
> どちらを先にしても，結果が同じとなる写像のことである．

(2) f をベクトル空間 X から Y への線形写像とする．$\{\boldsymbol{x} \in X \mid f(\boldsymbol{x}) = \boldsymbol{0}\}$ を写像 f の**核** (kernel)，あるいは英語のまま**カーネル**といい，$\operatorname{Ker} f$ と書く．(線形写像 f において，$\boldsymbol{0} + \boldsymbol{0} = \boldsymbol{0}$ だから $f(\boldsymbol{0}) + f(\boldsymbol{0}) = f(\boldsymbol{0})$ が成り立つ．したがって，$f(\boldsymbol{0}) = \boldsymbol{0}$ である．すなわち，$\operatorname{Ker} f$ はすべて $\boldsymbol{0}$ を含む．)

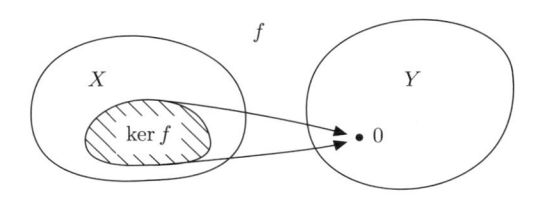

図 3.5

(3) X から Y への全単射の線形写像が存在し，その逆写像 f^{-1} も線形のとき，X と Y はベクトル空間として**同型** (isomorphic)，また f を X と Y の (ベクトル空間としての) **同型写像** (isomorphism) という．

(実は線形写像 f が全単射ならば自動的に逆写像 f^{-1} も線形写像となり，同型写像である．)

> 同型な 2 つのベクトル空間はベクトル空間としては同一視できる．

行列とベクトルの積の意味

ここで，行列とベクトルの積の意味を振り返ろう．行列とベクトルの積を

$$\begin{pmatrix} a_{11} & a_{12} & \cdots & a_{1m} \\ a_{21} & a_{22} & \cdots & a_{2m} \\ & & \vdots & \\ a_{\ell 1} & a_{\ell 2} & \cdots & a_{\ell m} \end{pmatrix} \begin{pmatrix} x_1 \\ x_2 \\ \vdots \\ x_m \end{pmatrix} = \begin{pmatrix} a_{11}x_1 + a_{12}x_2 + \cdots + a_{1m}x_m \\ a_{21}x_1 + a_{22}x_2 + \cdots + a_{2m}x_m \\ \vdots \\ a_{\ell 1}x_1 + a_{\ell 2}x_2 + \cdots + a_{\ell m}x_m \end{pmatrix} \quad (3.1.1)$$

と定義した．(3.1.1) の右辺は

$$\begin{pmatrix} a_{11}x_1 + a_{12}x_2 + \cdots a_{1m}x_m \\ a_{21}x_1 + a_{22}x_2 + \cdots a_{2m}x_m \\ \vdots \\ a_{\ell 1}x_1 + a_{\ell 2}x_2 + \cdots a_{\ell m}x_m \end{pmatrix} = x_1 \begin{pmatrix} a_{11} \\ a_{21} \\ \vdots \\ a_{\ell 1} \end{pmatrix} + x_2 \begin{pmatrix} a_{12} \\ a_{22} \\ \vdots \\ a_{\ell 2} \end{pmatrix} + \cdots + x_m \begin{pmatrix} a_{1m} \\ a_{2m} \\ \vdots \\ a_{\ell m} \end{pmatrix}$$

と書ける．よって，$A = (\boldsymbol{a}_1, \boldsymbol{a}_2, \ldots, \boldsymbol{a}_m)$ ($\boldsymbol{a}_j = {}^t(a_{1j}, a_{2j}, \ldots, a_{\ell j})$, $1 \leq j \leq m$), $\boldsymbol{x} = {}^t(x_1, x_2, \ldots, x_m)$ とおくと

$$A\boldsymbol{x} = x_1 \boldsymbol{a}_1 + x_2 \boldsymbol{a}_2 + \cdots + x_m \boldsymbol{a}_m \quad (3.1.2)$$

であり，$\{x_j\}_{j=1}^m$ を係数とする行列 A の列ベクトルの線形結合である．

> 行列 × ベクトル = (列ベクトルを成分とする $(1, m)$ 行列) × $(m, 1)$ 行列

各 x_j について斉次 1 次式であるから，容易に下の命題が得られる．

> **命題 3.1.1（行列と線形写像）** $A = (\boldsymbol{a}_1, \boldsymbol{a}_2, \ldots, \boldsymbol{a}_m)$ が $\ell \times m$ 行列，$\boldsymbol{x}$ が $\mathbf{R}^m$ の数ベクトルとする．
> (i) $$f_A : \mathbf{R}^m \longrightarrow \mathbf{R}^\ell \\ \boldsymbol{x} \longrightarrow A\boldsymbol{x} \quad (3.1.3)$$
> で定義される写像 $f_A(\boldsymbol{x})$ は線形写像で，
>
> $$\mathrm{Im}\, f_A = \langle \boldsymbol{a}_1, \boldsymbol{a}_2, \ldots, \boldsymbol{a}_m \rangle \quad (3.1.4)$$
>
> となっている．
> (ii) f が $\mathbf{R}^m$ から $\mathbf{R}^\ell$ への線形写像とする．2.5 節で導入した標準基底 $\{\boldsymbol{e}_j\}_{1 \leq j \leq m}$ により $\boldsymbol{a}_j = f(\boldsymbol{e}_j)$, $A = (\boldsymbol{a}_1, \boldsymbol{a}_2, \ldots, \boldsymbol{a}_m)$ とおくと，$\boldsymbol{x} = x_1 \boldsymbol{e}_1 + x_2 \boldsymbol{e}_2 + \cdots + x_m \boldsymbol{e}_m$ だから

$$f(\boldsymbol{x}) = x_1 f(\boldsymbol{e}_1) + x_2 f(\boldsymbol{e}_2) + \cdots + x_m f(\boldsymbol{e}_m) = x_1 \boldsymbol{a}_1 + x_2 \boldsymbol{a}_2 + \cdots + x_m \boldsymbol{a}_m = A\boldsymbol{x}$$

となる．

> $\mathbf{R}^m$ から $\mathbf{R}^\ell$ への線形写像と $\ell \times m$ 行列は 1 対 1 に対応している．

ほかにも，線形写像の例はある．

■**例 3.1.2** C^m を適当な区間上の m 階連続的微分可能な 1 変数函数の空間とすると，

$$\frac{d}{dt} : \begin{array}{ccc} C^m & \longrightarrow & C^{m-1} \\ u(t) & \longrightarrow & \dfrac{du}{dt}(t) \end{array} \quad (m \geq 1) \tag{3.1.5}$$

$$\int_a^t ds : \begin{array}{ccc} C^m & \longrightarrow & C^{m+1} \\ u(t) & \longrightarrow & \displaystyle\int_a^t u(s)ds \end{array} \quad (m \geq 0) \tag{3.1.6}$$

も線形写像である．もちろん，定積分も C^0 から $\mathbf{R}$ への線形写像である．

これらの例は，線形代数の応用分野の広さを予感させる．第 5 章でベクトル空間の概念を拡張し，函数空間も取り込めるようにする．

線形写像に関する基本的命題を証明しておこう．

命題 3.1.2（線形写像） f を $\mathbf{R}^m$ から $\mathbf{R}^\ell$ への線形写像とする．
(i) $\operatorname{Ker} f$ は $\mathbf{R}^m$ の，そして $\operatorname{Im} f$ は $\mathbf{R}^\ell$ の部分空間である．
(ii) $\qquad\qquad$ 線形写像 f が単射 $\iff \operatorname{Ker} f = \{\mathbf{0}\}$

《証明》 (i) （$\operatorname{Ker} f$ について）$\boldsymbol{x}_1, \boldsymbol{x}_2$ を $\operatorname{Ker} f$ の元とする．任意のスカラー a_1, a_2 について

$$f(a_1 \boldsymbol{x}_1 + a_2 \boldsymbol{x}_2) = a_1 f(\boldsymbol{x}_1) + a_2 f(\boldsymbol{x}_2) = a_1 \mathbf{0} + a_2 \mathbf{0} = \mathbf{0}$$

となっているから，$a_1 \boldsymbol{x}_1 + a_2 \boldsymbol{x}_2$ も $\operatorname{Ker} f$ の元である．すなわち，$\operatorname{Ker} f$ は線形結合について閉じているから，$\mathbf{R}^m$ の部分空間である．

(Im f について)　y_1, y_2 を Im f の元とする．したがって，$\mathbf{R}^m$ の元 x_1, x_2 があって，$f(x_1) = y_1$, $f(x_2) = y_2$ となっている．任意のスカラー a_1, a_2 について
$$a_1 y_1 + a_2 y_2 = a_1 f(x_1) + a_2 f(x_2) = f(a_1 x_1 + a_2 x_2)$$
となっているから，$a_1 y_1 + a_2 y_2$ も Im f に属する．すなわち，Im f は線形結合について閉じているから，$\mathbf{R}^\ell$ の部分空間である．

(ii)　($\Longrightarrow$)　f が線形写像だから $f(0) = 0$ である．したがって，単射ならば Ker $f = \{0\}$ である．
($\Longleftarrow$)　$f(x_1) = f(x_2)$ ならば $x_1 = x_2$ となることを示せばよい．f の線形性により
$$0 = f(x_1) - f(x_2) = f(x_1 - x_2)$$
が成り立つ．Ker $f = \{0\}$ であるから，$x_1 - x_2 = 0$ である．すなわち，$x_1 = x_2$ である．　□

3.2　ランク

3.2.1　ランクの定義と性質

前の節で連立一次方程式の写像としての特徴付けの準備はできたのであるが，「計算可能な量」として行列のランク (rank) を導入しておこう．ランクの和訳は階数であるが，現代ではランクと英語をそのまま使うほうが多い．

【定義 3.2.1】(行列のランク)　$\ell \times m$ 行列 $A = (a_1, a_2, \ldots, a_m)$ ($a_j \in \mathbf{R}^\ell$, $1 \leq j \leq m$) の「列ベクトルの中にとれる線形独立なベクトルの最大数」を**行列 A のランク**といい，rank A と書く．

rank $A = p$ のとき，行列 A の列ベクトルに p 個の線形独立なものがとれる．補題 2.4.1 (2) により，A のほかの列ベクトルは，この p 個の線形独立な列ベクトルの線形結合に書ける．行列と数ベクトルの積の意味 (3.1.2) と線形結合の原理 (2.4.1) により，**この p 個のベクトルが Im f_A を生成し，かつ線形独立で**あったから，Im f_A **の基底をなす**．したがって，下の補題が成り立つ．

補題 3.2.1（ランクと写像の像の次元の関係，カーネルの次元） A を $\ell \times m$ 行列とする．

(i)
$$\mathrm{rank}\, A = \dim \mathrm{Im}\, f_A = \dim \langle \boldsymbol{a}_1, \boldsymbol{a}_2, \ldots, \boldsymbol{a}_m \rangle \tag{3.2.1}$$

(ii)
$$\dim \mathrm{Ker}\, f_A = \text{連立一次方程式 } A\boldsymbol{x} = \boldsymbol{0} \text{ の一般解が含むパラメータの数}$$

!注意 3.2.1 後に出てくる線形写像に関する次元定理 3.4.1 により，

$$\dim \mathrm{Ker}\, f_A = m - \mathrm{rank}\, A \tag{3.2.2}$$

である．

《証明》 (i) については上に説明した．(ii) については，第1章 1.2節 (1.2.3) の $\boldsymbol{f} = \boldsymbol{0}$ の場合を見れば，各パラメータを係数とする解ベクトルが互いに線形独立である． □

ランクの計算の仕方 (1)

補題 3.2.1 (i) と 定理 2.5.1 (ii) により，ランクの計算は例題 2.5.1 のやり方で $\langle \boldsymbol{a}_j \rangle_{1 \leq j \leq m}$ の基底を求めてそのベクトルの数を数えればよい．

ランクについての命題を1つ挙げておこう．

命題 3.2.2（ランク (1)） A を $\ell \times m$ 行列とする．次の関係が成り立つ．
$$\mathrm{rank}\, A \leq \min\{\ell, m\} \tag{3.2.3}$$

《証明》 $\mathrm{rank}\, A \leq m$ はランクの定義から明らかである．$\mathrm{rank}\, A \leq \ell$ は，$\langle \boldsymbol{a}_1, \boldsymbol{a}_2, \ldots, \boldsymbol{a}_m \rangle$ が $\mathbf{R}^\ell$ の部分集合であるから，注意 2.5.1 により成り立つ． □

3.2.2 連立一次方程式の可解性と解の一意性

いよいよ，連立一次方程式の可解性・解の一意性の特徴付けができる．

定理 3.2.3（連立一次方程式の可解性・解の一意性） A を $\ell \times m$ 行列, $b \in \mathbf{R}^\ell$ を既知ベクトル, $x \in \mathbf{R}^m$ を未知ベクトルとする連立一次方程式
$$Ax = b \tag{3.2.4}$$
を考える.

(i) 与えられた b について (3.2.4) が可解 $\iff b \in \mathrm{Im}\, f$
$\iff \mathrm{rank}\, A = \mathrm{rank}(A, b)$

(ii) 任意の b について (3.2.4) が可解 $\iff \mathrm{Im}\, f_A = \mathbf{R}^\ell$ （f_A が全射）
$\iff \ell \leq m$ かつ $\mathrm{rank}\, A = \ell$

(iii) (3.2.4) の解が存在すればただ 1 つ $\iff \ker f_A = \{\mathbf{0}\}$ （f_A が単射）
$\iff m \leq \ell$ かつ $\mathrm{rank}\, A = m$

(iv) 任意の b について (3.2.4) が解をただ 1 つもつ $\iff f$ が全単射
$\iff \ell = m$ かつ $\mathrm{rank}\, A = \ell\, (= m)$

《証明》 (i)〜(iv) の初めの $\iff$ については，左側の内容を線形写像の言葉で言い直したものが右側である．2 番目の $\iff$ を証明しておこう．

(i) 命題 2.6.1 (iii), (iv) により，明らか．

(ii) 定理 2.5.1 (iii) により明らか．

(iii) $A = (a_1, a_2, \ldots, a_m)$ と列ベクトル表示しておく．関係式 (3.1.2) と線形独立の定義により, $\mathrm{Ker}\, f_A = \{\mathbf{0}\}$ と $\{a_j\}_{j=1}^m$ が線形独立は同値である．ランクの定義から, $\{a_j\}_{j=1}^m$ が線形独立と $\mathrm{rank}\, A = m$ は同値である．

(iv) 本定理 (ii) と (iii) により，明らか． □

！注意 3.2.2 上の定理は理論のための定理である．たとえば, (i) において，$\mathrm{rank}\, A$ と $\mathrm{rank}(A, b)$ のそれぞれを計算するよりも，連立一次方程式を解くためのガウス–ジョルダンの消去法の前進消去を行った段階で，不可能な式が現れないことを確かめるほうが，ほぼ半分の手間ですむ．さらに，ガウス–ジョルダンの前進消去によれば，解も得たいと思い直したとき，続けて後退消去をすれば完璧な解の表示が得られる．

(iii) の解の一意性も，ガウス–ジョルダンの前進消去が終わった段階で，係数行列部分が正方形であるか，横長であるかを見ればわかる．かかる手間は $\mathrm{rank}\, A$ を計算するのとそうは変わらない．解を求めたいと思い直したとき，有効利用できるガウス–

ジョルダンの前進消去のほうがお勧めである.

そんなわけで,「ランクの計算」の例題はここでは取り上げない. 3.3.3 項に例題を挙げておく.

3.2.3 ランクと行列の積・逆行列・転置行列

ランクは行列の理論にとって重要な概念で,奥が深い.行列を掛けることによってランクが増えるか減るか見ておこう.

$A = (\boldsymbol{a}_1, \boldsymbol{a}_2, \cdots, \boldsymbol{a}_p) = (a_{ik})_{1 \leq i \leq \ell, 1 \leq k \leq p}$ を $\ell \times p$ 行列, $B = (\boldsymbol{b}_1, \boldsymbol{b}_2, \cdots, \boldsymbol{b}_m) = (b_{kj})_{1 \leq k \leq p, 1 \leq j \leq m}$ を $p \times m$ 行列とする.

$$f_B: \mathbf{R}^m \longrightarrow \mathbf{R}^p \qquad f_A: \mathbf{R}^p \longrightarrow \mathbf{R}^\ell \qquad (3.2.5)$$
$$\boldsymbol{x} \longrightarrow B\boldsymbol{x} \qquad \boldsymbol{y} \longrightarrow A\boldsymbol{y}$$

を合成すると

$$f_A \circ f_B: \boldsymbol{x} \to A(B\boldsymbol{x}) = \left(\sum_{k=1}^p a_{ik} \left(\sum_{j=1}^m b_{kj} x_j \right) \right)_{1 \leq i \leq \ell}$$
$$= \left(\sum_{j=1}^m \left(\sum_{k=1}^p a_{ik} b_{kj} \right) x_j \right)_{1 \leq i \leq \ell}$$

となる.したがって, $f_{AB} = f_A \circ f_B$ となるように行列の積 AB を定義すると

$$AB = \left(\sum_{k=1}^p a_{ik} b_{kj} \right)_{1 \leq i \leq \ell, 1 \leq j \leq m} \qquad (3.2.6)$$

と定義するしかない.

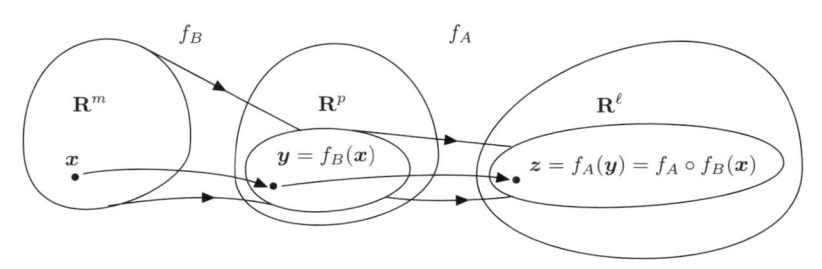

図 3.6

例題 3.2.1 (行列の積) $A = \begin{pmatrix} 0 & 1 & 2 \\ 2 & 1 & 0 \\ -1 & 1 & -1 \end{pmatrix}, B = \begin{pmatrix} 0 & 1 & 2 \\ 1 & -1 & 0 \\ 0 & 1 & -1 \end{pmatrix}$ とする.

積 AB と BA を求めなさい.

[解答例]

$$AB = \begin{pmatrix} 0 & 1 & 2 \\ 2 & 1 & 0 \\ -1 & 1 & -1 \end{pmatrix} \begin{pmatrix} 0 & 1 & 2 \\ 1 & -1 & 0 \\ 0 & 1 & -1 \end{pmatrix} = \begin{pmatrix} 0+1+0 & 0-1+2 & 0+0-2 \\ 0+1+0 & 2-1+0 & 4+0+0 \\ 0+1+0 & -1-1-1 & -2+0+1 \end{pmatrix}$$

$$= \begin{pmatrix} 1 & 1 & -2 \\ 1 & 1 & 4 \\ 1 & -3 & -1 \end{pmatrix}$$

$$BA = \begin{pmatrix} 0 & 1 & 2 \\ 1 & -1 & 0 \\ 0 & 1 & -1 \end{pmatrix} \begin{pmatrix} 0 & 1 & 2 \\ 2 & 1 & 0 \\ -1 & 1 & -1 \end{pmatrix} = \begin{pmatrix} 0+2-2 & 0+1+2 & 0+0-2 \\ 0-2+0 & 1-1+0 & 2+0+0 \\ 0+2+1 & 0+1-1 & 0+0+1 \end{pmatrix}$$

$$= \begin{pmatrix} 0 & 3 & -2 \\ -2 & 0 & 2 \\ 3 & 0 & 1 \end{pmatrix}$$

$\ell \times m$ 行列 A と $m \times \ell$ 行列 B においては, 積 AB と BA が共に定義されるが, 前者は ℓ 次正方行列で後者は m 次正方行列である. $\ell = m$ のときのみ両者が一致する可能性があるが, 上の例に見るように必ずしも $AB = BA$ とはならない.

> ℓ 次正方行列の積は一般に可換でない. すなわち一般に $AB \neq BA$ である.

この定義により

$$AB = \begin{pmatrix} A\boldsymbol{b}_1, A\boldsymbol{b}_2, \cdots, A\boldsymbol{b}_m \end{pmatrix} \tag{3.2.7}$$

$$= \begin{pmatrix} \sum_{k=1}^p b_{k1}\boldsymbol{a}_k, \sum_{k=1}^p b_{k2}\boldsymbol{a}_k, \cdots, \sum_{k=1}^p b_{km}\boldsymbol{a}_k \end{pmatrix} \tag{3.2.8}$$

と列ベクトル表示される. 上は行列 B の列ベクトルの立場からの見方で, 下は行列 A の列ベクトルの立場からの見方である.

$$I = I_\ell = \begin{pmatrix} 1 & & \\ & \ddots & \\ & & 1 \end{pmatrix}$$

を ℓ 次の単位行列 (identity matrix, unit matrix) と

いった．任意の $\ell \times m$ 行列 A, $k \times \ell$ 行列 B に対して $IA = A, BI = B$ が成り立つ．

【定義 3.2.2】（逆行列）

(1) A を $\ell \times m$ 行列とする．

$AB_r = I_\ell$ が成り立つ $m \times \ell$ 行列 B_r を A の右逆行列という．

$B_l A = I_m$ が成り立つ $m \times \ell$ 行列 B_l を A の左逆行列という．

(2) A を ℓ 次正方行列とする．$AB = BA = I_\ell$ が成り立つ ℓ 次正方行列 B を A の逆行列といい，$B = A^{-1}$ と書く．逆行列をもつ行列を正則行列 (regular matrix) とか可逆行列 (invertible matrix) という．正則な実 ℓ 次正方行列の全体を $\mathrm{GL}(\ell; \mathbf{R})$ と書く．（複素行列の場合は $\mathrm{GL}(\ell; \mathbf{C})$.）

■例 3.2.1（右逆行列，左逆行列） $A = \begin{pmatrix} 0 & 1 & 0 \\ 1 & 0 & 0 \end{pmatrix}$ に対して $B = \begin{pmatrix} 0 & 1 \\ 1 & 0 \\ c & d \end{pmatrix}$

(c, d は任意の定数) は右逆行列である．したがって，A は B の左逆行列である．

実は A は左逆行列をもたない．なぜならば，後出の定理 3.2.6 により，どのような 3×2 行列 C に対しても $\mathrm{rank}\, CA \leq \mathrm{rank}\, A \leq 2$ であり，ランク 3 である I_3 にはなれない．同様に，B は右逆行列をもたない．正方行列でなければ，右逆行列と左逆行列を両方もつことは不可能である．（演習問題 3.3 参照.）

命題 3.2.4（逆行列） A を ℓ 次正方行列とする．

(i) A が右逆行列も左逆行列ももてば両者は一致し，A の逆行列である．

(ii) A が正則のとき，逆行列はただ 1 つである．

(iii) A が正則ならばその逆行列 A^{-1} も正則で $(A^{-1})^{-1} = A$ である．

(iv) A, B が正則な ℓ 次正方行列ならば，AB も正則で $(AB)^{-1} = B^{-1}A^{-1}$ である．

《証明》 (i) $B_r = B_l$ が成り立てば，これが逆行列の条件を満たす．

$$B_r = IB_r = (B_l A)B_r = B_l(AB_r) = B_l I = B_l$$

(ii) A の逆行列 B_1 と B_2 があったとする．B_1 は右逆行列であるし，B_2 は左逆行列であるから，(i) により両者は一致する．すなわち，逆行列はただ 1 つである．

(iii)
$$(A^{-1})A = I, \qquad A(A^{-1}) = I$$
であるから，逆行列の定義によれば，A は A^{-1} の逆行列である．よって，A^{-1} も正則であって，$(A^{-1})^{-1} = A$ である．

(iv)
$$(AB)(B^{-1}A^{-1}) = A(BB^{-1})A^{-1} = AIA^{-1} = AA^{-1} = I$$
$$(B^{-1}A^{-1})(AB) = B^{-1}(A^{-1}A)B = B^{-1}IB = B^{-1}B = I$$
であるから，逆行列の定義により $B^{-1}A^{-1}$ は AB の逆行列である．すなわち，AB も正則で $(AB)^{-1} = B^{-1}A^{-1}$ である． □

意味するものはまったく違うが，以下に導入する転置行列は計算の形式の上では逆行列とよく似ている．

【定義 3.2.3】（転置行列） $\ell \times m$ 行列 $(a_{ij})_{1 \leq i \leq \ell \downarrow, 1 \leq j \leq m \to}$ に対して $m \times \ell$ 行列 $(a_{ij})_{1 \leq i \leq \ell \to, 1 \leq j \leq m \downarrow}$ を A の転置行列 (transposed matrix) といい，${}^t A$ と書く．

■**例 3.2.2** ${}^t \begin{pmatrix} 1 & 0 & 2 \\ 3 & 0 & -1 \end{pmatrix} = \begin{pmatrix} 1 & 3 \\ 0 & 0 \\ 2 & -1 \end{pmatrix}$ である．

命題 3.2.5（転置行列） A を $\ell \times m$ 行列，B を $m \times n$ 行列とする．
(i) ${}^t({}^t A) = A$ である．
(ii) ${}^t(AB) = {}^t B \, {}^t A$ である．
(iii) A が正則ならば，${}^t A$ も正則で $({}^t A)^{-1} = {}^t(A^{-1})$ $(= {}^t A^{-1}$ とも書く$)$ である．

《証明》 (i) 定義より，自明である．
(ii)
$$AB = \left(\sum_j a_{ij} b_{jk} \right)_{1 \leq i \leq \ell \downarrow, 1 \leq k \leq m \to}$$

だから

$$
{}^t(AB) = (\sum_j a_{ij}b_{jk})_{1 \leq i \leq \ell \to, 1 \leq k \leq n \downarrow}
$$
$$
= (\sum_j b_{jk}a_{ij})_{1 \leq k \leq n \downarrow, 1 \leq i \leq \ell \to}
$$
$$
= (b_{jk})_{1 \leq j \leq \ell \to, 1 \leq k \leq n \downarrow}(a_{ij})_{1 \leq i \leq \ell \to, 1 \leq j \leq m \downarrow} = {}^tB\,{}^tA
$$

である．

(iii) (ii) により，

$$
{}^tA\,{}^t(A^{-1}) = {}^t(A^{-1}A) = {}^tI = I, \qquad {}^t(A^{-1})\,{}^tA = {}^t(AA^{-1}) = {}^tI = I
$$

である．よって，逆行列の定義により，${}^t(A^{-1})$ は ${}^tA$ の逆行列である．すなわち，${}^tA$ が正則で $({}^tA)^{-1} = {}^t(A^{-1})$ である．転置をとる作業と，逆をとる作業のどちらを先に行っても同じ結果になるから ${}^tA^{-1}$ と書いて，2つの作業はどちらを先に行ってもよい． □

行列を掛けることがランクにどのような変化をもたらすか，定理にまとめておこう．

定理 3.2.6（ランク (2)） $A \in M_{\ell m}, B \in M_{p\ell}, C \in M_{mq}$ とする．

(i) $$\operatorname{rank} BA \leq \operatorname{rank} A \qquad (3.2.9)$$

(ii) $p = \ell$ かつ B が正則のとき

$$\operatorname{rank} BA = \operatorname{rank} A$$

(iii) $$\operatorname{rank} AC \leq \operatorname{rank} A \qquad (3.2.10)$$

(iv) $m = q$ かつ C が正則のとき

$$\operatorname{rank} AC = \operatorname{rank} A$$

《証明》 (i) 関係式 (3.2.7) により，行列 BA の列ベクトルは $\{B\boldsymbol{a}_j\}_{1 \leq j \leq m}$ である．$\{B\boldsymbol{a}_{j_k}\}_{1 \leq k \leq n}$ が線形独立ならば $\{\boldsymbol{a}_{j_k}\}_{1 \leq k \leq n}$ も線形独立なことを示せば，ランクの定義から (i) が成り立つ．

スカラー d_k $(1 \leq k \leq n)$ により $\sum_{1 \leq k \leq n} d_k \boldsymbol{a}_{j_k} = \boldsymbol{0}$ となったとする．左から B を掛けると，$\sum_{1 \leq k \leq n} d_k B\boldsymbol{a}_{j_k} = \boldsymbol{0}$ を得る．$\{B\boldsymbol{a}_{j_k}\}_{1 \leq k \leq n}$ が線形独立だ

から，$d_k = 0$ $(1 \leq k \leq n)$ である．よって，$\{\boldsymbol{a}_{j_k}\}_{1 \leq k \leq n}$ が線形独立である．

(ii)　(i) により
$$\operatorname{rank} A \geq \operatorname{rank} BA \geq \operatorname{rank} B^{-1}(BA) = \operatorname{rank}(B^{-1}B)A = \operatorname{rank} A$$
となるから，$\operatorname{rank} BA = \operatorname{rank} A$ でなければならない．

(iii)　関係式 (3.2.8) により，行列 AC の列ベクトルが生成する部分空間は行列 A の列ベクトルが生成する部分空間の部分空間である．注意 2.5.1 により，(iii) を得る．

(iv)　(iii) により
$$\operatorname{rank} A \geq \operatorname{rank} AC \geq \operatorname{rank}(AC)C^{-1} = \operatorname{rank} A(CC^{-1}) = \operatorname{rank} A$$
となるから，$\operatorname{rank} AC = \operatorname{rank} A$ でなければならない．　□

3.3　基本変形による標準形

命題 3.2.6 により，正則行列を掛けても行列のランクは変わらない．このことを基本変形に適用してみよう．

3.3.1　基本変形の行列による表現

1.1.3 項では ガウス–ジョルダンの消去法を「行の変形手続き」として導入した．ところで，この変形手続きは「左からある行列を掛ける」という演算で表現できる．$\ell \times m$ 行列 A を行ベクトル表示しておこう：

$$A = \begin{pmatrix} \boldsymbol{a}_1 \\ \boldsymbol{a}_2 \\ \vdots \\ \boldsymbol{a}_\ell \end{pmatrix}, \qquad \boldsymbol{a}_i = \begin{pmatrix} a_{i1}, & a_{i2}, & \cdots, & a_{im} \end{pmatrix} \quad (1 \leq i \leq \ell) \qquad (3.3.1)$$

行に関する基本変形

(I) j 行を μ 倍して i 行に加える．　　$\Longleftrightarrow$

$$P(i,j;\mu)A = \begin{pmatrix} 1 & & & & & & \\ & \ddots & & & & & \\ & & 1 & \cdots & \mu & & \\ & & & \ddots & \vdots & & \\ & & & & 1 & & \\ & & & & & \ddots & \\ & & & & & & 1 \end{pmatrix} \begin{pmatrix} \mathbf{a}_1 \\ \vdots \\ \mathbf{a}_i \\ \vdots \\ \mathbf{a}_j \\ \vdots \\ \mathbf{a}_\ell \end{pmatrix} = \begin{pmatrix} \mathbf{a}_1 \\ \vdots \\ \mathbf{a}_i + \mu \mathbf{a}_j \\ \vdots \\ \mathbf{a}_j \\ \vdots \\ \mathbf{a}_\ell \end{pmatrix} \quad (3.3.2)$$

(II) i 行と j 行を入れ替える．　　$\Longleftrightarrow$

$$Q(i,j)A = \begin{pmatrix} 1 & & & & & & \\ & \ddots & & & & & \\ & & 0 & \cdots & 1 & & \\ & & \vdots & \ddots & \vdots & & \\ & & 1 & \cdots & 0 & & \\ & & & & & \ddots & \\ & & & & & & 1 \end{pmatrix} \begin{pmatrix} \mathbf{a}_1 \\ \vdots \\ \mathbf{a}_i \\ \vdots \\ \mathbf{a}_j \\ \vdots \\ \mathbf{a}_\ell \end{pmatrix} = \begin{pmatrix} \mathbf{a}_1 \\ \vdots \\ \mathbf{a}_j \\ \vdots \\ \mathbf{a}_i \\ \vdots \\ \mathbf{a}_\ell \end{pmatrix} \quad (3.3.3)$$

(III) i 行を μ 倍する．　　$(\mu \neq 0)$　　$\Longleftrightarrow$

$$R(i;\mu)A = \begin{pmatrix} 1 & & & & & & \\ & \ddots & & & & & \\ & & 1 & & & & \\ & & & \mu & & & \\ & & & & 1 & & \\ & & & & & \ddots & \\ & & & & & & 1 \end{pmatrix} \begin{pmatrix} \mathbf{a}_1 \\ \vdots \\ \mathbf{a}_i \\ \vdots \\ \mathbf{a}_\ell \end{pmatrix} = \begin{pmatrix} \mathbf{a}_1 \\ \vdots \\ \mu \mathbf{a}_i \\ \vdots \\ \mathbf{a}_\ell \end{pmatrix} \quad (3.3.4)$$

✐ 行に関する基本変形の場合, $P(i,j;\mu), Q(i,j), R(i;\mu)$ は ℓ 次正方行列である.

同様に, 列に関する基本変形は右から行列を掛けることで表現できる.

列に関する基本変形

(I)　j 列を μ 倍して i 列に加える.　　$\iff$　　$AP(j,i;\mu)$

✐ 列に関する基本変形の場合, (i,j) でなく, (j,i) であることに注意.

(II)　i 列と j 列を入れ替える.　　$\iff$　　$AQ(i,j)$

(III)　i 列 を μ 倍する $(\mu \neq 0)$.　　$\iff$　　$AR(i;\mu)$

✐ 列に関する基本変形の場合, $P(i,j;\mu), Q(i,j), R(i;\mu)$ は m 次正方行列である.

直接の計算で, 下の命題を得る.

命題 3.3.1
(1)　$P(i,j;\mu), Q(i,j), R(i;\mu)$ は正則で,
$$P(i,j;\mu)^{-1}=P(i,j;-\mu),\quad Q(i,j)^{-1}=Q(i,j),\quad R(i;\mu)^{-1}=R(i;1/\mu)$$
(2)　${}^tP(i,j;\mu)=P(j,i;\mu),\quad {}^tQ(i,j)=Q(i,j),\quad {}^tR(i;\mu)=R(i;\mu)$

基本変形は「逆行列をとる・転置をとる」という作業に閉じている.

❗**注意 3.3.1**　$P(i,j;\mu)$ における μ は 0 でもよい. $\mu=0$ ならば何もしなかった, ということで情報の増減がない. しかし, $R(i;\mu)$ における μ は 0 ではいけない. $\mu=0$ ならば, i 行がもつ情報をすべて失う. したがって作業が可逆でなくなる. このことが, $R(i;\mu)^{-1}=R(i;1/\mu)$ $(\mu\neq 0)$ に表れている.

3.3.2　基本変形による標準形

1.1.3 項で行った作業を, 行列を左右から掛けるという形で表現すると下の定理が成り立つ.

定理 3.3.2（基本変形による標準形）

(i) A を $\ell \times m$ 行列とする．適当な行に関する基本変形 $S_i (1 \leq i \leq k)$ と列に関する基本変形 $T_j (1 \leq j \leq k')$ があって

$$S_k S_{k-1} \cdots S_1 A T_1 T_2 \cdots T_{k'} = \begin{pmatrix} 1 & & & \\ & \ddots & & \\ & & 1 & \\ & & & \end{pmatrix} \qquad (3.3.5)$$

が成り立つ．ここに，右辺の行列の 1 は $\operatorname{rank} A$ 個ある．（この式の右辺を **基本変形による標準形** (normal form by elementary transformation) と呼ぶ．）

(ii) A を ℓ 次正方行列で $\operatorname{rank} A = \ell$ とする．適当な行に関する基本変形 $S_i (1 \leq i \leq k'')$ があって，

$$S_{k''} S_{k''-1} \cdots S_1 A = I_\ell \qquad (3.3.6)$$

が成り立つ．

(iii) A を ℓ 次正方行列で $\operatorname{rank} A = \ell$ とする．適当な列に関する基本変形 $T_j (1 \leq j \leq k''')$ があって，

$$A T_1 T_2 \cdots T_{k'''} = I_\ell \qquad (3.3.7)$$

が成り立つ．

!注意 3.3.2 後に系 3.3.3 (iii) で示すように，すべての正則行列は基本変形の積に書ける．したがって，例えば (i) において，
「ℓ 次正則行列 S，m 次正則行列 T があって

$$SAT = \begin{pmatrix} 1 & & & \\ & \ddots & & \\ & & 1 & \\ & & & \end{pmatrix} \qquad (3.3.8)$$

が成り立つ．」
といっても同じである．

《証明》 (i) 1.2 節でまとめたように,行に関する基本変形の前進消去で

$$\begin{pmatrix} 1 & d_{12} & d_{13} & d_{14} & d_{15} \\ 0 & 0 & 1 & d_{24} & d_{25} \\ 0 & 0 & 0 & 0 & 0 \end{pmatrix} \tag{3.3.9}$$

のように階段行列にできる.さらに,列に関する基本変形で,ピボット 1 を用いて d_{ij} をすべて 0 にできる:

$$\begin{pmatrix} 1 & 0 & 0 & 0 & 0 \\ 0 & 0 & 1 & 0 & 0 \\ 0 & 0 & 0 & 0 & 0 \end{pmatrix} \tag{3.3.10}$$

最後に,列の入れ替えを行えば (3.3.5) の右辺を得る.この間に用いた基本変形を行列を掛けるという表現に置き換えれば (i) となる.基本変形に対応する行列はすべて正則だから,定理 3.2.6 により,この作業の間,ランクは変化しない.したがって,(3.3.5) の右辺の 1 は $\mathrm{rank}\,A$ 個ある.

(ii) A が ℓ 次正方行列で $\mathrm{rank}\,A = \ell$ ならば,行に関する基本変形の前進消去で

$$\begin{pmatrix} 1 & d_{12} & d_{13} \\ 0 & 1 & d_{23} \\ 0 & 0 & 1 \end{pmatrix} \tag{3.3.11}$$

のようになる.この形ならば,各列にピボット 1 があるから,列に関する基本変形を用いずに,行に関する基本変形の後退消去を行えば I_ℓ に到る.

(iii) ${}^t A$ に (ii) を適用し,その転置をとり,命題 3.3.1 を考慮すると (iii) を得る. □

3.3.3 転置行列のランク,逆行列の存在の必要十分条件

定理 3.3.2 によると,次の結果が直ちにわかる.

系 3.3.3 (ランク (3))

(i) $$\mathrm{rank}\,{}^t\!A = \mathrm{rank}\,A$$

すなわち，行列 A の列ベクトルに含まれる線形独立なベクトルの最大数と，行ベクトルに含まれる線形独立なベクトルの最大数は等しい．

(ii) A を ℓ 次正方行列とする．

$$(1)\ A\ \text{が正則} \iff (2)\ \mathrm{rank}\,A = \ell$$
$$\iff (3)\ A\ \text{が右逆行列をもつ}$$
$$\iff (4)\ A\ \text{が左逆行列をもつ}$$

(iii) ℓ 次正方行列 A が $\mathrm{rank}\,A = \ell$ を満たすとする．A および A の逆行列 A^{-1} は基本変形：$P(i,j;\mu)$, $Q(i,j)$, $R(i;\mu)$ の形の行列のいくつかの積に書ける．

《証明》 (i) 式 (3.3.5) の転置をとり，命題 3.3.1, 定理 3.2.6 (ii), (iv) を考慮すると，明らかに (3.3.5) の右辺が転置をとることによりランクを変えないことから，(i) を得る．

(ii) $(3) \Rightarrow (2)$ B_r を A の右逆行列とする．

$$\mathrm{rank}\,A \geq \mathrm{rank}\,AB_r = \mathrm{rank}\,I_\ell = \ell$$

が成り立つ．$\mathrm{rank}\,A \leq \ell$ であるから，$\mathrm{rank}\,A = \ell$ である．

$(4) \Rightarrow (2)$ B_l を A の左逆行列とする．

$$\mathrm{rank}\,A \geq \mathrm{rank}\,B_l A = \mathrm{rank}\,I_\ell = \ell$$

が成り立つ．$\mathrm{rank}\,A \leq \ell$ であるから，$\mathrm{rank}\,A = \ell$ である．

$(2) \Rightarrow (1)$ 定理 3.3.2 (ii), (iii) により，$\mathrm{rank}\,A = \ell$ ならば，A は左逆行列 $S_{k''}S_{k''-1}\cdots S_1$ と右逆行列 $T_1 T_2 \cdots T_{k'''}$ をもつ．したがって，命題 3.2.4 (i) により，両者は一致して A の逆行列である．

$(1) \Rightarrow (3), (4)$ 逆行列は右逆行列であり，左逆行列でもある．

(iii) 上記 (ii) の証明中，$(2) \Rightarrow (1)$ の議論により，逆行列 A^{-1} については明

らか．$A = (A^{-1})^{-1}$ だから，A^{-1} の逆行列 A についても成り立つ． □

ランクの計算の仕方 (2)

基本変形による標準形のおかげで，系 3.3.3 が得られた．行列 (3.3.9) を見ればわかるように，階段行列において線形独立な行ベクトルの数はピボットの数に等しい．

> 行列のランクの計算は，列に関する基本変形か，あるいは，
> 行に関する基本変形の前進消去を行ってピボットを数えればよい

ということがわかる．行に関する基本変形と列に関する基本変形を混ぜても構わないが，混ぜるとかえって手数が増える．行に関する基本変形を練習する機会が多いから，**必要なら転置をとって横長行列にして，行に関する基本変形でランクを求める**ことを勧める．応用上，ランクを計算する場面は少ないと思うが，ランクの計算方法を提示しておこう．

例題 3.3.1（ランクの計算方法） 下の行列のランクを求めなさい．

$$\begin{pmatrix} 1 & 1 & 1 \\ 1 & 2 & 4 \\ -1 & 2 & 8 \end{pmatrix}$$

[解答例]

$$\begin{pmatrix} 1 & 1 & 1 \\ 1 & 2 & 4 \\ -1 & 2 & 8 \end{pmatrix} \xrightarrow{\substack{2\text{行}-1\text{行} \\ 3\text{行}+1\text{行}}} \begin{pmatrix} 1 & 1 & 1 \\ 0 & 1 & 3 \\ 0 & 3 & 9 \end{pmatrix} \xrightarrow{3\text{行}-2\text{行}\times 3} \begin{pmatrix} 1 & 1 & 1 \\ 0 & 1 & 3 \\ 0 & 0 & 0 \end{pmatrix}$$

ピボットの数が 2 だからランクは 2．

逆行列の求め方

系 3.3.3 (ii) によって，逆行列の求め方も得られた．$B_\ell = S_{k''} S_{k''-1} \cdots S_1$ とおくと，B_ℓ は ℓ 次正方行列 A の左逆行列である．A を (A, I_ℓ) と $\ell \times (2\ell)$ の横長行列に拡大しておくと

$$B_l(A, I_\ell) = (I_\ell, B_l) = S_{k''}S_{k''-1}\cdots S_1(A, I_\ell)$$

により，(A, I_ℓ) に行に関する基本変形をほどこして左半分を単位行列に変形すると，自動的に右半分が A の左逆行列になっている．左逆行列は逆行列に他ならないから逆行列が得られている．

例題 3.3.2（逆行列の求め方） 下の行列の逆行列を求めなさい．

$$\begin{pmatrix} 1 & 1 & 1 \\ 2 & 2 & 4 \\ 1 & 5 & 7 \end{pmatrix}$$

[解答例]　前進消去

2 行−1 行×2
3 行−1 行
　　　　　　　　　　　　　2 行と 3 行を入れ替える

$$\begin{pmatrix} 1 & 1 & 1 & 1 & 0 & 0 \\ 2 & 2 & 4 & 0 & 1 & 0 \\ 1 & 5 & 7 & 0 & 0 & 1 \end{pmatrix} \longrightarrow \begin{pmatrix} 1 & 1 & 1 & 1 & 0 & 0 \\ 0 & 0 & 2 & -2 & 1 & 0 \\ 0 & 4 & 6 & -1 & 0 & 1 \end{pmatrix} \longrightarrow \begin{pmatrix} 1 & 1 & 1 & 1 & 0 & 0 \\ 0 & 4 & 6 & -1 & 0 & 1 \\ 0 & 0 & 2 & -2 & 1 & 0 \end{pmatrix}$$

後退消去

1 行−3 行×(1/2)
2 行−3 行×3
　　　　　　　　　　1 行−2 行×(1/4)

$$\longrightarrow \begin{pmatrix} 1 & 1 & 0 & 2 & -1/2 & 0 \\ 0 & 4 & 0 & 5 & -3 & 1 \\ 0 & 0 & 2 & -2 & 1 & 0 \end{pmatrix} \longrightarrow \begin{pmatrix} 1 & 0 & 0 & 3/4 & 1/4 & -1/4 \\ 0 & 4 & 0 & 5 & -3 & 1 \\ 0 & 0 & 2 & -2 & 1 & 0 \end{pmatrix}$$

2 行×(1/4), 3 行×(1/2)

$$\longrightarrow \begin{pmatrix} 1 & 0 & 0 & 3/4 & 1/4 & -1/4 \\ 0 & 1 & 0 & 5/4 & -3/4 & 1/4 \\ 0 & 0 & 1 & -1 & 1/2 & 0 \end{pmatrix}$$

よって，逆行列は $\begin{pmatrix} 3/4 & 1/4 & -1/4 \\ 5/4 & -3/4 & 1/4 \\ -1 & 1/2 & 0 \end{pmatrix} = \dfrac{1}{4}\begin{pmatrix} 3 & 1 & -1 \\ 5 & -3 & 1 \\ -4 & 2 & 0 \end{pmatrix}$

（検算）　もとの行列と，計算して求めた逆行列を掛けて単位行列になることを確かめる．

3.4 ベクトル空間の和と線形写像に関する次元定理

定理 3.2.3 (ii), (iii) より，係数行列のランクが可能な範囲で最大の場合に $\operatorname{Im} f_A$ と $\operatorname{Ker} f_A$ の状況がわかった．しかし，ランクが低い場合はどうなっているのであろうか？ カーネルとイメージのそれぞれの次元の間には密接な関係がある．

> **定理 3.4.1（線形写像に関する次元定理）** f を $\mathbf{R}^m$ から $\mathbf{R}^\ell$ への線形写像とする．
> $$\dim \operatorname{Im} f + \dim \operatorname{Ker} f = m \tag{3.4.1}$$
> が成り立つ．

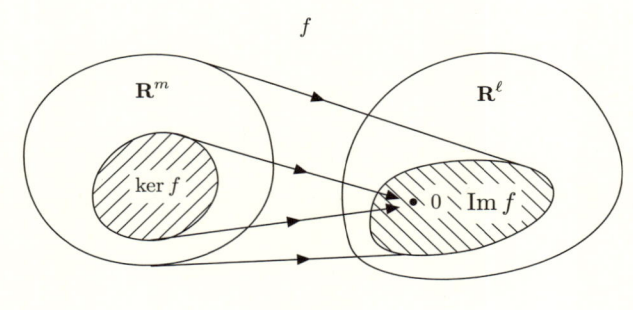

図 3.7

すなわち，連立一次方程式 $A\boldsymbol{x} = \boldsymbol{b}$ において，解をもつ右辺 $\boldsymbol{b}$ の全体がなす部分空間の次元 ($\dim \operatorname{Im} f_A = \operatorname{rank} A$) と解が含むパラメータの数 ($\dim \ker f_A$) の和は未知数の数に一致する．よって「（パラメーターの数）＝（未知数の数）$- \operatorname{rank} A$」である．

🖉 連立一次方程式において，係数行列のランクが下がれば下がるほど，解をもつ右辺は減り，解が含むパラメータの数は増える．

《証明》 $\dim \operatorname{Ker} f = k$ とする．$\ker f$ に基底 $\{\boldsymbol{w}_i\}_{1 \leq i \leq k}$ をとる．定理 2.5.1 (iv) により，適当な $\{\boldsymbol{v}_j\}_{1 \leq j \leq m-k}$ があって，$\{\boldsymbol{w}_i\}_{1 \leq i \leq k} \cup \{\boldsymbol{v}_j\}_{1 \leq j \leq m-k}$ が $\mathbf{R}^m$ の基底となる．$\{f(\boldsymbol{v}_j)\}_{1 \leq j \leq m-k}$ が $\operatorname{Im} f$ の基底になっていることを示せば，定理 2.5.1 (ii) により，$\dim \operatorname{Im} f = m - k$ が得られる．

$\{f(\boldsymbol{v}_j)\}_{1\leq j\leq m-k}$ が $\mathrm{Im}\,f$ の基底になっていることの証明

(1) $\{f(\boldsymbol{v}_j)\}_{1\leq j\leq m-k}$ が $\mathrm{Im}\,f$ を生成すること.

$\mathrm{Im}\,f = <f(\boldsymbol{w}_i), f(\boldsymbol{v}_j)>_{1\leq i\leq k, 1\leq j\leq m-k}$ であるが, $f(\boldsymbol{w}_i) = \boldsymbol{0}$ である.

(2) $\{f(\boldsymbol{v}_j)\}_{1\leq j\leq m-k}$ が線形独立であること.

$\sum_{1\leq j\leq m-k} a_j f(\boldsymbol{v}_j) = \boldsymbol{0}$ となったとする. $f(\sum_{1\leq j\leq m-k} a_j \boldsymbol{v}_j) = \boldsymbol{0}$ であるから, $\sum_{1\leq j\leq m-k} a_j \boldsymbol{v}_j \in \ker f$ であり, $\sum_{1\leq j\leq m-k} a_j \boldsymbol{v}_j = \sum_{1\leq i\leq k} c_j \boldsymbol{w}_i$ と書ける. 右辺を移項して, $\mathbf{R}^m$ のベクトルの基底による表現の一意性 (2.5.3) を考慮すると, $a_i = 0$ $(1\leq j\leq m-k)$ がわかる. □

演習問題

3.1 下の行列が定める線形写像を f とし, f のイメージとカーネルを求めなさい. また, イメージとカーネルそれぞれに 1 組基底をとりなさい. 最後に, イメージとカーネルの次元を答えなさい.

(1) $\begin{pmatrix} 1 & -1 & 1 \\ 1 & 0 & 2 \\ 3 & 3 & 9 \end{pmatrix}$ (2) $\begin{pmatrix} 1 & 0 & 2 \\ -1 & 1 & -3 \\ 3 & -2 & 9 \end{pmatrix}$ (3) $\begin{pmatrix} 1 & 2 & 0 \\ 2 & 4 & 1 \\ 6 & 12 & 3 \end{pmatrix}$

(4) $\begin{pmatrix} 1 & -1 & 2 & -3 \\ -2 & 1 & 1 & -4 \\ 3 & -5 & 16 & -29 \end{pmatrix}$

3.2 下の行列の逆行列をガウス–ジョルダンの消去法(前進消去, 後退消去)で求めなさい.

(1) $\begin{pmatrix} 1 & 1 & 1 \\ 1 & 2 & 4 \\ -1 & 5 & 18 \end{pmatrix}$ (2) $\begin{pmatrix} 1 & 0 & 1 \\ 1 & 0 & 4 \\ 1 & 2 & 4 \end{pmatrix}$ (3) $\begin{pmatrix} 1 & 1 & 3 & 3 \\ 0 & 1 & 1 & 2 \\ 1 & 0 & 2 & 0 \\ 1 & 3 & 7 & 8 \end{pmatrix}$

(検算) もとの行列と, 求めた逆行列を掛けて, 単位行列になることを確かめなさい.

3.3 C を $\ell\times m$ 行列で, $\ell < m$ となっているとする.

(1) $GC = I_m$ となる $m\times \ell$ 行列 G が存在するとき, G を C の左逆行列という. $\ell < m$ となっている場合, C は左逆行列をもち得ないことを証明しなさい.

(2) $CF = I_\ell$ となる $m\times \ell$ 行列 F が存在するとき, F を右逆行列という.

$\ell = 2, m = 3$ のとき，右逆行列をもつ C の具体例を 1 つ挙げなさい．また，その C に対する右逆行列の例も挙げなさい．

(3)　C が右逆行列をもてば，$\mathrm{rank}\,C = \ell$ であることを証明しなさい．

(4)　$\ell < m$ となっている場合，もし，C が右逆行列をもてば，右逆行列は必ず複数あることを証明しなさい．

第4章
行列式

　第3章では連立一次方程式の可解性・解の一意性を「行列のランク」を用いて特徴づけた．また，行列のランクは正則な行列を掛けることにより不変なことから，「ランク」を保存量とした「基本変形による標準形」が得られた．標準形の形から，ランクは転置をとっても変わらないことがわかった．さらに，正方行列が最大のランクをもつときは，行のみ（または列のみ）の基本変形で標準形（単位行列）にできることから，逆行列が基本変形の積で書けることと，逆行列の計算法が得られた．このように，「ランク」は望外の有効な概念であるが，不満も残る．

　連立一次方程式 $\begin{pmatrix} 1 & 1 \\ 0 & \varepsilon \end{pmatrix} \begin{pmatrix} x \\ y \end{pmatrix} = \begin{pmatrix} a \\ b \end{pmatrix}$ を考える．ε が 0 でなければ，係数行列のランクが 2 で，この方程式は任意の ${}^t(a, b)$ に対してただ 1 つの解をもつ．しかし，$\varepsilon = 0$ のときは，係数行列のランクが 1 になり，$b = 0$ のときにのみ多くの解をもつ．$\varepsilon \neq 0$ の状態で係数行列のランクを観測し，$\varepsilon \neq 0$ を動かしていくと，$\varepsilon = 0$ のとき突然一意可解性が崩れる．何か，$\varepsilon \neq 0$ が 0 に向かうにつれて一意可解性が崩れる危険性を警告する指標はないものであろうか？　当然，ランクのように整数値をとるものでなく，滑らかに変動する指数ということになる．

$\begin{cases} a_{11}x_1 + a_{12}x_2 = b_1 \\ a_{21}x_1 + a_{22}x_2 = b_2 \end{cases}$ において，第 1 式 $\times a_{22}$ − 第 2 式 $\times a_{12}$ をとると

$$(a_{11}a_{22} - a_{12}a_{21})x_1 = a_{22}b_1 - a_{12}b_2$$

第 1 式 $\times a_{21}$ − 第 2 式 $\times a_{11}$ をとると

$$(a_{12}a_{21} - a_{11}a_{22})x_2 = a_{21}b_1 - a_{11}b_2$$

となる．もし $a_{11}a_{22} - a_{12}a_{21} \neq 0$ ならば x_1, x_2 がそれぞれただ 1 つに定まる．

$$a_{11}a_{22} - a_{12}a_{21} \tag{4.0.1}$$

を行列 $A = \begin{pmatrix} a_{11} & a_{12} \\ a_{21} & a_{22} \end{pmatrix}$ の行列式 (determinant) といい，$\det A$ あるいは $|A|$ と書く．

> $\det A$ はスカラーである．

この場合の $|\cdot|$ は行列式の記号であって絶対値の記号ではない．行列式は負にもなるし，スカラーが複素数の場合はあらゆる複素数が可能である．（行列 A が成分で与えられたとき，記号 $|A|$ において，内側の丸いカッコは省略する．）上の連立一次方程式においては，係数行列の行列式は ε で，これが 0 になったとき，方程式の一意可解性が崩れる．一意可解性が崩れそうになる危険を示す指数として，行列式は大いに有望である．

ここに，$a_{11}a_{22} - a_{12}a_{21}$（の絶対値）は行列 A の行ベクトル (a_{11}, a_{12}) と (a_{21}, a_{22}) がなす平行四辺形の面積[1]である．（列ベクトル ${}^t(a_{11}, a_{21})$ と ${}^t(a_{12}, a_{22})$ がなす平行四辺形の面積にもなっている．重要な事実である．）すなわち，2 次正方行列の行列式とは行ベクトルがなす平行四辺形の「負も許した面積」である．

3 元以上の連立一次方程式でも，方程式の数が未知数の数と等しければ，解

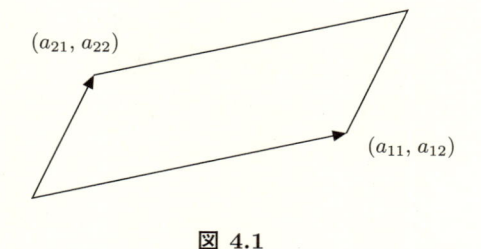

図 4.1

---
[1] 数ベクトル空間に距離や角度を導入していないので，「面積」は定義できない．暗黙のうちに，平面にユークリッドの内積に由来する距離（7.1 節参照）と角度を思い浮べている．

がただ1つに定まるためのキーになる $\{a_{ij}\}$ で与えられるスカラーがある．しかし，これらは複雑な式になる．

4.1 行列式の定義と性質

　一般の ℓ 次正方行列 $A = (a_{ij})_{1 \leq i,j \leq \ell}$ の行列式の定義に「決定版」はない．どれもわかりにくい面をもつからである．だからといって，どれでもよいというものではない．定義は，展開する理論の本質を予感させ，諸定理の証明が容易になるように吟味して定めなければならない．

　主な定義の仕方は3通りある．以下の (I), (II-1), (II-2) である．

(I)　 $\{a_{ij}\}_{1 \leq i,j \leq \ell}$ を用いて $\det A$ を定義する．後出の式 (4.1.5) である．

(II)　 A の行ベクトルがなす平行多面体の（負も許した）ℓ 次元体積[2]

(II-1)　 1×1 行列 (a) に対して，$\det(a) = a$ と定義する．一般の ℓ 次正方行列 A に対しては，$(\ell-1)$ 次正方行列の行列式を用いて，帰納的に定義する．（後出の「余因子展開」(4.2.1) に当たる．）

(II-2)　平行多面体の体積がもつべき性質により定義し，その定義を満たすものがただ1つ存在することを示す．

　(I) は直接の定義で紛れはないが，置換の定義と積・置換が互換の積で書けること・偶置換と奇置換への分類　などを手ほどきした上でなければ定義に入れない．定義するまでに疲れてしまう．

(II-1) は定義できることはわかるが，行列式の実体を想像しにくい．

(II-2) は行列式がどんなものかは想像しやすいが，その定義を満たすものがただ1つ存在することを示す必要がある．

　本書においては，わかりやすさを優先して (II-2) を採用する．

　(II-2) においても，いかなる性質を定義に採用するか，によって流儀が分かれる．どうせ最終的に成り立つものなら，何でも採用してしまえ，という流儀もあるが，筆者はなるべく少ない性質で定義をすべきだと思う．将来，何らかの拡張をしたいとき，最低限必要なものに限っておけば拡張を考えやすいから

---

[2] 前ページの脚注参照．「平行多面体の体積」も，2次元平面の平行四辺形，3次元空間の平行6面体からイメージを感じとってほしい．厳密な定義は要らない．

である.

線形性・交代性・正規性を採用する向きも多く,「線形代数」においてそれも妥当であるが,本書においては基本変形を重視して,基本変形のうちの $P(i,j;\mu)$, $R(i;\mu)$ に対応する変形のもたらす性質と正規性を採用する.

4.1.1 行列式の定義

$\det A$ が平行多面体の体積であれば,平面における平行四辺形の場合を参考にして,以下の性質を満たさなければならない.

【定義 4.1.1】(行列式) $\det$ は写像 $\det : M_\ell(\mathbf{R}) \longrightarrow \mathbf{R}$ で以下の3つの性質を満たすものである.

1) ある行を μ 倍して他の行に加えても $\det A$ は変わらない.
2) ある行を λ 倍すると $\det A$ も λ 倍になる.
3) 単位行列の行列式は 1 である.

$A = {}^t(\boldsymbol{a}_1, \boldsymbol{a}_2)$ ($\boldsymbol{a}_1, \boldsymbol{a}_2$ は2次元行ベクトル) を2次正方行列とする.

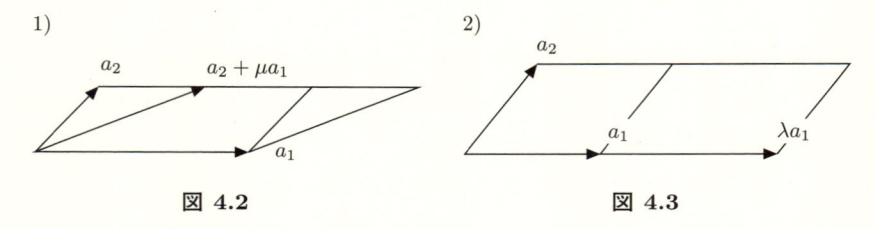

1)   　　　　　　　　　　　　　　　2)

図 4.2　　　　　　　　　　　　　　図 4.3

3) は,各辺の長さが 1 の ℓ 次元立方体の体積が 1 ということである.
逆に上の 1), 2), 3) を仮定すると,以下の議論に見るように $\det A$ はただ 1 つに定まる.

4.1.2 行列式の性質

$A = {}^t(\boldsymbol{a}_1, \boldsymbol{a}_2, \cdots, \boldsymbol{a}_\ell) = (a_{ij})_{1 \leq i,j \leq \ell}$ ($\boldsymbol{a}_i$ は A の第 i 行ベクトル) とする.
上の 1), 2), 3) は数式で書くと

1) $$\begin{vmatrix} \boldsymbol{a}_1 \\ \vdots \\ \boldsymbol{a}_i + \mu\boldsymbol{a}_j \\ \vdots \\ \boldsymbol{a}_\ell \end{vmatrix} = \begin{vmatrix} \boldsymbol{a}_1 \\ \vdots \\ \boldsymbol{a}_i \\ \vdots \\ \boldsymbol{a}_\ell \end{vmatrix}$$ すなわち $|P(i,j;\mu)A| = |A|$ $(i \neq j)$ (4.1.1)

2) $$\begin{vmatrix} \boldsymbol{a}_1 \\ \vdots \\ \lambda\boldsymbol{a}_i \\ \vdots \\ \boldsymbol{a}_\ell \end{vmatrix} = \lambda \begin{vmatrix} \boldsymbol{a}_1 \\ \vdots \\ \boldsymbol{a}_i \\ \vdots \\ \boldsymbol{a}_\ell \end{vmatrix}$$ すなわち $|R(i;\lambda)A| = \lambda|A|$ (4.1.2)

3) $|I| = 1$

さらに次の性質が成り立つ.

定理 4.1.1（行列式の諸性質）

(1) $$\begin{vmatrix} \boldsymbol{a}_1 \\ \vdots \\ \boldsymbol{a}_j \\ \vdots \\ \boldsymbol{a}_i \\ \vdots \\ \boldsymbol{a}_\ell \end{vmatrix} = - \begin{vmatrix} \boldsymbol{a}_1 \\ \vdots \\ \boldsymbol{a}_i \\ \vdots \\ \boldsymbol{a}_j \\ \vdots \\ \boldsymbol{a}_\ell \end{vmatrix}$$ すなわち $|Q(i,j)A| = -|A|$ $(i \neq j)$ (4.1.3)

(2) ある $\boldsymbol{a}_i = \boldsymbol{0}$ ならば $|A| = 0$. $\boldsymbol{a}_i = \boldsymbol{a}_j\,(i \neq j)$ ならば $|A| = 0$.

(3)（行列式が 0 であるための必要十分条件）
A の行ベクトルが線形従属 $\iff \mathrm{rank}\,A < \ell \iff |A| = 0$

(4) (行に関する**多重線形性** (multi-linearity))

$$\begin{vmatrix} \boldsymbol{a}_1 \\ \vdots \\ \lambda\boldsymbol{a}_i + \mu\boldsymbol{a}'_i \\ \vdots \\ \boldsymbol{a}_\ell \end{vmatrix} = \lambda \begin{vmatrix} \boldsymbol{a}_1 \\ \vdots \\ \boldsymbol{a}_i \\ \vdots \\ \boldsymbol{a}_\ell \end{vmatrix} + \mu \begin{vmatrix} \boldsymbol{a}_1 \\ \vdots \\ \boldsymbol{a}'_i \\ \vdots \\ \boldsymbol{a}_\ell \end{vmatrix} \tag{4.1.4}$$

(5) (行列式の成分による表示)

$$|A| = \sum_{\sigma \in \mathfrak{S}(\ell)} (\operatorname{sgn} \sigma) \prod_{i=1}^{\ell} a_{i\,\sigma(i)} \tag{4.1.5}$$

ここに,$\mathfrak{S}(\ell)$ は長さ ℓ の置換の全体,$\operatorname{sgn}(\sigma)$ は置換 σ の符号である.
(置換の説明は証明の中で行う. (4.1.5) は,条件 1), 2), 3) により行列式が一意に定まることを示す.)

(6) $$|\lambda A| = \lambda^\ell |A| \tag{4.1.6}$$

(7) $$|AB| = |A||B| \tag{4.1.7}$$

(8) $$|{}^t A| = |A| \tag{4.1.8}$$

(9) A_1, A_2 をそれぞれ ℓ_1 次,ℓ_2 次の正方行列とする.($\ell_1 + \ell_2 = \ell$)

$$\begin{vmatrix} A_1 & * \\ O & A_2 \end{vmatrix} = \begin{vmatrix} A_1 & O \\ * & A_2 \end{vmatrix} = |A_1||A_2| \tag{4.1.9}$$

特に

$$\begin{vmatrix} a_{11} & * & \cdots & * \\ & a_{22} & \ddots & \vdots \\ & & \ddots & * \\ O & & & a_{\ell\ell} \end{vmatrix} = \begin{vmatrix} a_{11} & & & O \\ * & a_{22} & & \\ \vdots & \ddots & \ddots & \\ * & \cdots & * & a_{\ell\ell} \end{vmatrix} = a_{11}a_{22}\cdots a_{\ell\ell} \tag{4.1.10}$$

(8) により,1), 2) および (1) 〜 (5) は列に関する性質としても成り立つ. $A = (\boldsymbol{a}'_1, \boldsymbol{a}'_2, \ldots, \boldsymbol{a}'_\ell)$ ($\boldsymbol{a}'_j$ は A の第 j 列ベクトル) と列ベクトル表示しておく.

1') $|\boldsymbol{a}'_1, \ldots, \boldsymbol{a}'_i + \mu \boldsymbol{a}'_j, \ldots, \boldsymbol{a}'_\ell| = |\boldsymbol{a}'_1, \ldots, \boldsymbol{a}'_i, \ldots, \boldsymbol{a}'_\ell|$ $(i \neq j)$ (4.1.11)

2') $\quad |\boldsymbol{a}'_1, \ldots, \lambda \boldsymbol{a}'_i, \ldots, \boldsymbol{a}'_\ell| = \lambda |\boldsymbol{a}'_1, \ldots, \boldsymbol{a}'_i, \ldots, \boldsymbol{a}'_\ell|$ (4.1.12)

(1') $|\boldsymbol{a}'_1, \ldots, \boldsymbol{a}'_j, \ldots \boldsymbol{a}'_i, \ldots, \boldsymbol{a}'_\ell| = -|\boldsymbol{a}'_1, \ldots, \boldsymbol{a}'_i, \ldots \boldsymbol{a}'_j, \ldots, \boldsymbol{a}'_\ell|$ $(i \neq j)$ (4.1.13)

(2') ある $\boldsymbol{a}'_i = \boldsymbol{0}$ ならば $|A| = 0$. $\boldsymbol{a}'_i = \boldsymbol{a}'_j$ $(i \neq j)$ ならば $|A| = 0$.

(3') A の列ベクトルが線形従属 $\iff \operatorname{rank} A < \ell \iff |A| = 0$

(4') (列に関する**多重線形性**)

$$|\boldsymbol{a}'_1, \ldots, \lambda \boldsymbol{a}'_j + \mu \boldsymbol{a}''_j, \ldots, \boldsymbol{a}'_\ell|$$
$$= \lambda |\boldsymbol{a}'_1, \ldots, \boldsymbol{a}'_j, \ldots, \boldsymbol{a}'_\ell| + \mu |\boldsymbol{a}'_1, \ldots, \boldsymbol{a}''_j, \ldots, \boldsymbol{a}'_\ell| \quad (4.1.14)$$

(5')
$$|A| = \sum_{\sigma \in \mathfrak{S}(\ell)} (\operatorname{sgn} \sigma) \prod_{j=1}^{\ell} a_{\sigma(j)\,j} \quad (4.1.15)$$

《証明》 (1) $Q(i,j)$ $(i \neq j)$ は

$$Q(i,j) = R(j;-1)P(i,j;1)P(j,i;-1)P(i,j;1)$$

と書けるから，1) と 2) を適用すると (1) を得る．

(2) (前半) i 行が $\boldsymbol{0}$ であるとする．

$$\begin{vmatrix} \boldsymbol{a}_1 \\ \vdots \\ \boldsymbol{0} \\ \vdots \\ \boldsymbol{a}_\ell \end{vmatrix} = \begin{vmatrix} \boldsymbol{a}_1 \\ \vdots \\ 2 \cdot \boldsymbol{0} \\ \vdots \\ \boldsymbol{a}_\ell \end{vmatrix} = 2 \begin{vmatrix} \boldsymbol{a}_1 \\ \vdots \\ \boldsymbol{0} \\ \vdots \\ \boldsymbol{a}_\ell \end{vmatrix}$$

だから，左辺を移項すると

を得る．

(後半) i 行も j 行も $\bm{a}_i$ とする．$i<j$ の場合を考える．($i>j$ の場合も同様にして示せる．) 1) を用いて，(2) の前半の結果を考慮すると，

$$\begin{vmatrix} \bm{a}_1 \\ \vdots \\ \bm{a}_i \\ \vdots \\ \bm{a}_i \\ \vdots \\ \bm{a}_\ell \end{vmatrix} = \begin{vmatrix} \bm{a}_1 \\ \vdots \\ \bm{a}_i - \bm{a}_i \\ \vdots \\ \bm{a}_i \\ \vdots \\ \bm{a}_\ell \end{vmatrix} = \begin{vmatrix} \bm{a}_1 \\ \vdots \\ \bm{0} \\ \vdots \\ \bm{a}_i \\ \vdots \\ \bm{a}_\ell \end{vmatrix} = 0$$

(3) 行列 A の行ベクトルが線形従属ということと $\operatorname{rank} A < \ell$ は同値である．2つ目の $\iff$ を示そう．

($\Longrightarrow$) ある i があって，$\bm{a}_i = \sum_{1 \leq j \leq \ell, j \neq i} c_j \bm{a}_j$ と書ける（補題 2.4.1 (1) 参照）．1), (2) を考慮すると

$$\begin{vmatrix} \bm{a}_1 \\ \vdots \\ \bm{a}_i \\ \vdots \\ \bm{a}_\ell \end{vmatrix} = \begin{vmatrix} \bm{a}_1 \\ \vdots \\ \bm{a}_i - \sum_{1 \leq j \leq \ell, j \neq i} c_j \bm{a}_j \\ \vdots \\ \bm{a}_\ell \end{vmatrix} = \begin{vmatrix} \bm{a}_1 \\ \vdots \\ \bm{0} \\ \vdots \\ \bm{a}_\ell \end{vmatrix} = 0$$

となる．

($\Longleftarrow$) を示すために，対偶「$\operatorname{rank} A = \ell \Rightarrow |A| \neq 0$」を示す．下の補題を示せばよい．

補題 4.1.2 (行列式を保存した行に関する $P(i,j;\lambda)$ 型の基本変形による対角化) ℓ 次正方行列 A において $\operatorname{rank} A = \ell$ とする. $P(i,j;\lambda)$ のタイプの ℓ 次正方行列 $P_1, P_2, \ldots, P_n$ があって

$$P_n P_{n-1} \cdots P_1 A = \begin{pmatrix} 1 & & & \\ & 1 & & \\ & & \ddots & \\ & & & \mu \end{pmatrix} \tag{4.1.16}$$

とできる. ここに, $\mu = |A|$ で, かつ, $\mu \neq 0$ である.

《証明》 $A = (a_{ij})$ とする.

(Step 1) A の第 1 列に着目する. $\operatorname{rank} A = \ell$ だから, A の列ベクトルは線形独立である. したがって, A の第 1 列のすべての成分が 0 ということはない. $(2,1)$ 成分が 0 ならば, 第 1 列の 0 でない成分の行を第 2 行に加えることにより, $(2,1)$ 成分を 0 でなくすることができる. したがって, はじめから $(2,1)$ 成分が 0 でないとしてよい. 第 2 行を $\dfrac{1-a_{11}}{a_{21}}$ 倍して第 1 行に加える, また, $i \geq 3$ なる i については第 2 行を $-\dfrac{a_{i1}}{a_{21}}$ 倍して第 i 行に加え, さらに第 1 行を $-a_{21}$ 倍して第 2 行に加えることにより, 第 1 列を ${}^t(1,0,0,\ldots,0)$ に変形できる. これらの変形の結果を A_1 と書く. 正則行列を掛けることでランクは変わらないから (定理 3.2.6 (ii)), $\operatorname{rank} A_1 = \operatorname{rank} A = \ell$ である.

(Step 2) $\operatorname{rank} A_1 = \ell$ だから, 第 1 列と第 2 列は線形独立である. したがって, A_1 の第 2 列の第 2 成分から第 ℓ 成分までの少なくとも 1 つは 0 でない. 便宜上, A_1 の成分も a_{ij} と書くことにする. Step 1 のときと同様の変形で $(3,2)$ 成分が 0 でないとしてよい. 第 3 行を $\dfrac{1-a_{22}}{a_{32}}$ 倍して第 2 行に加える, $i \neq 2,3$ なる i については第 3 行を $-\dfrac{a_{i2}}{a_{32}}$ 倍して第 i 行に加え, さらに第 2 行を $-a_{32}$ 倍して第 3 行に加えることにより, 第 2 列を ${}^t(0,1,0,\ldots,0)$ に変形できる. これらの変形の結果を A_2 と書く. $\operatorname{rank} A_2 = \operatorname{rank} A_1 = \ell$ である.

(Step 3 to $\ell - 1$) 上記の手続きは Step $\ell - 1$ まで続けられる. その結果の行列 $A_{\ell-1}$ は

$$A_{\ell-1} = \begin{pmatrix} 1 & & & * \\ & 1 & & * \\ & & \ddots & \vdots \\ & & & \mu \end{pmatrix}$$

である．この間，$P(i,j;\lambda)$ のタイプの行列しか掛けていないので，A と $A_{\ell-1}$ の行列式は等しく，$\operatorname{rank} A_{\ell-1} = \ell$ である．$\operatorname{rank} A_{\ell-1} = \ell$ であるから $\mu \neq 0$ である．したがって，第 ℓ 行を用いて，(i,ℓ) 成分を 0 にできる $(1 \leq i \leq \ell-1)$．

すなわち，(4.1.16) の右辺が得られた．2) と 3) により，(4.1.16) の右辺の行列式は μ である．よって，$\mu = |A|$ が成り立つ． □

定理 4.1.1 の証明に戻ろう．

(4) この証明は，場合分けして 1 つ 1 つ見ていくしかない．

(Case 1) $\{a_k\}_{1 \leq k \leq \ell}$ が線形従属の場合

ある $(c_1, c_2, \ldots, c_\ell) \neq (0, 0, \ldots, 0)$ なるスカラーがあって，

$$\sum_{k=1}^{\ell} c_k \boldsymbol{a}_k = \boldsymbol{0}$$

が成り立つ．

(case1-1) $c_i = 0$ の場合

$\{a_k\}_{1 \leq k \leq \ell, k \neq i}$ が線形従属であるから，$\{a_k\}_{1 \leq k \leq \ell, k \neq i} \cup \{\boldsymbol{a}'_i\}$ も，$\{a_k\}_{1 \leq k \leq \ell, k \neq i} \cup \{\lambda \boldsymbol{a}_i + \mu \boldsymbol{a}'_i\}$ も線形従属である．したがって，(3) により

$$\begin{vmatrix} \boldsymbol{a}_1 \\ \vdots \\ \boldsymbol{a}_i \\ \vdots \\ \boldsymbol{a}_\ell \end{vmatrix} = 0, \quad \begin{vmatrix} \boldsymbol{a}_1 \\ \vdots \\ \boldsymbol{a}'_i \\ \vdots \\ \boldsymbol{a}_\ell \end{vmatrix} = 0, \quad \begin{vmatrix} \boldsymbol{a}_1 \\ \vdots \\ \lambda \boldsymbol{a}_i + \mu \boldsymbol{a}'_i \\ \vdots \\ \boldsymbol{a}_\ell \end{vmatrix} = 0$$

で，(4.1.4) が成り立つ．

(case1-2) $c_i \neq 0$ の場合

$\boldsymbol{a}_i = \sum_{1 \leq k \leq \ell, k \neq i} c'_k \boldsymbol{a}_k$ と書ける．よって，

$$\begin{vmatrix} \boldsymbol{a}_1 \\ \vdots \\ \boldsymbol{a}_i \\ \vdots \\ \boldsymbol{a}_\ell \end{vmatrix} = 0, \quad \begin{vmatrix} \boldsymbol{a}_1 \\ \vdots \\ \lambda\boldsymbol{a}_i + \mu\boldsymbol{a}_i' \\ \vdots \\ \boldsymbol{a}_\ell \end{vmatrix} = \begin{vmatrix} \boldsymbol{a}_1 \\ \vdots \\ \mu\boldsymbol{a}_i' \\ \vdots \\ \boldsymbol{a}_\ell \end{vmatrix} = \mu\begin{vmatrix} \boldsymbol{a}_1 \\ \vdots \\ \boldsymbol{a}_i' \\ \vdots \\ \boldsymbol{a}_\ell \end{vmatrix}$$

となるから, (4.1.4) が成り立つ.

(case 2) $\{\boldsymbol{a}_k\}_{1 \le k \le \ell}$ が線形独立の場合

$\{\boldsymbol{a}_k\}_{1 \le k \le \ell}$ が $\mathbf{R}^\ell$ の基底となるから, $\boldsymbol{a}_i' = \sum_{1 \le k \le \ell} d_k \boldsymbol{a}_k$ と書ける. したがって,

$$\begin{vmatrix} \boldsymbol{a}_1 \\ \vdots \\ \boldsymbol{a}_i' \\ \vdots \\ \boldsymbol{a}_\ell \end{vmatrix} = \begin{vmatrix} \boldsymbol{a}_1 \\ \vdots \\ d_i \boldsymbol{a}_i \\ \vdots \\ \boldsymbol{a}_\ell \end{vmatrix} = d_i \begin{vmatrix} \boldsymbol{a}_1 \\ \vdots \\ \boldsymbol{a}_i \\ \vdots \\ \boldsymbol{a}_\ell \end{vmatrix}, \quad \begin{vmatrix} \boldsymbol{a}_1 \\ \vdots \\ \lambda\boldsymbol{a}_i + \mu\boldsymbol{a}_i' \\ \vdots \\ \boldsymbol{a}_\ell \end{vmatrix} = \begin{vmatrix} \boldsymbol{a}_1 \\ \vdots \\ \lambda\boldsymbol{a}_i + \mu d_i \boldsymbol{a}_i \\ \vdots \\ \boldsymbol{a}_\ell \end{vmatrix} = (\lambda + \mu d_i)\begin{vmatrix} \boldsymbol{a}_1 \\ \vdots \\ \boldsymbol{a}_i \\ \vdots \\ \boldsymbol{a}_\ell \end{vmatrix}$$

であるから, (4.1.4) が成り立つ.

(5) $\boldsymbol{e}_j = (0, \ldots, 0, \overset{j}{1}, 0 \ldots, 0)$ $(1 \le j \le \ell)$, $A = (a_{ij})_{1 \le i, j \le \ell} = {}^t(\boldsymbol{a}_1, \boldsymbol{a}_2, \ldots, \boldsymbol{a}_\ell)$ とする $(\boldsymbol{a}_i = (a_{i1}, a_{i2}, \ldots, a_{i\ell}))$. 行に関する多重線形性により,

$$|A| = \begin{vmatrix} \sum_{1 \le j_1 \le \ell} a_{1j_1} \boldsymbol{e}_{j_1} \\ \boldsymbol{a}_2 \\ \boldsymbol{a}_3 \\ \vdots \\ \boldsymbol{a}_\ell \end{vmatrix} = \sum_{1 \le j_1 \le \ell} a_{1j_1} \begin{vmatrix} \boldsymbol{e}_{j_1} \\ \boldsymbol{a}_2 \\ \boldsymbol{a}_3 \\ \vdots \\ \boldsymbol{a}_\ell \end{vmatrix} = \sum_{1 \le j_1 \le \ell} a_{1j_1} \begin{vmatrix} \boldsymbol{e}_{j_1} \\ \sum_{1 \le j_2 \le \ell} a_{2j_2} \boldsymbol{e}_{j_2} \\ \boldsymbol{a}_3 \\ \vdots \\ \boldsymbol{a}_\ell \end{vmatrix}$$

$$= \sum_{1 \leq j_1 \leq \ell} a_{1j_1} \sum_{1 \leq j_2 \leq \ell} a_{2j_2} \begin{vmatrix} \boldsymbol{e}_{j_1} \\ \boldsymbol{e}_{j_2} \\ \boldsymbol{a}_3 \\ \vdots \\ \boldsymbol{a}_\ell \end{vmatrix} = \cdots = \sum_{1 \leq j_1 \leq \ell} \cdots \sum_{1 \leq j_\ell \leq \ell} a_{1j_1} \cdots a_{\ell j_\ell} \begin{vmatrix} \boldsymbol{e}_{j_1} \\ \boldsymbol{e}_{j_2} \\ \boldsymbol{e}_{j_3} \\ \vdots \\ \boldsymbol{e}_{j_\ell} \end{vmatrix}$$
(4.1.17)

さて，(2) 後半により，ある j_h と j_k ($h \neq k$) が一致していれば $\begin{vmatrix} \boldsymbol{e}_{j_1} \\ \boldsymbol{e}_{j_2} \\ \boldsymbol{e}_{j_3} \\ \vdots \\ \boldsymbol{e}_{j_\ell} \end{vmatrix} = 0$ である．よって，$\sum_{1 \leq j_1 \leq \ell} \cdots \sum_{1 \leq j_\ell \leq \ell}$ において，$1 \leq k \leq \ell$ のすべてにわたって j_k が相異なるもののみ考えればよい．

$\{1, 2, \ldots, \ell\}$ からそれ自身への全単射 σ を，長さ ℓ の置換 (permutation) といい，$\sigma(k) = j_k$ $(1 \leq k \leq \ell)$ のとき，

$$\sigma = \begin{pmatrix} 1 & 2 & 3 & \cdots & \ell \\ j_1 & j_2 & j_3 & \cdots & j_\ell \end{pmatrix}$$

と書く．k と j_k の対応に意味があるので，上の欄が順序通りに並んでいる必要はない．たとえば，$\begin{pmatrix} 1 & 2 & 3 \\ 2 & 3 & 1 \end{pmatrix} = \begin{pmatrix} 3 & 2 & 1 \\ 1 & 3 & 2 \end{pmatrix}$ である．特に $id = \begin{pmatrix} 1 & 2 & 3 & \cdots & \ell \\ 1 & 2 & 3 & \cdots & \ell \end{pmatrix}$ を恒等置換 (identity permutation) という．長さ ℓ の置換の全体を $\mathfrak{S}(\ell)$ と書く．長さ ℓ の置換は $\ell!$ 個ある．

置換の積は以下のように計算すればよい．

例題 4.1.1 $\sigma_1 = \begin{pmatrix} 1 & 2 & 3 \\ 2 & 3 & 1 \end{pmatrix}$, $\sigma_2 = \begin{pmatrix} 1 & 2 & 3 \\ 3 & 2 & 1 \end{pmatrix}$ とする．$\sigma_2 \cdot \sigma_1$ と $\sigma_1 \cdot \sigma_2$ を求めなさい．

[解答例]

$$\sigma_2 \cdot \sigma_1 = \begin{pmatrix} 1 & 2 & 3 \\ 3 & 2 & 1 \end{pmatrix} \begin{pmatrix} 1 & 2 & 3 \\ 2 & 3 & 1 \end{pmatrix} = \begin{pmatrix} 2 & 3 & 1 \\ 2 & 1 & 3 \end{pmatrix} \begin{pmatrix} 1 & 2 & 3 \\ 2 & 3 & 1 \end{pmatrix} = \begin{pmatrix} 1 & 2 & 3 \\ 2 & 1 & 3 \end{pmatrix}$$

$$\sigma_1 \cdot \sigma_2 = \begin{pmatrix} 1 & 2 & 3 \\ 2 & 3 & 1 \end{pmatrix} \begin{pmatrix} 1 & 2 & 3 \\ 3 & 2 & 1 \end{pmatrix} = \begin{pmatrix} 3 & 2 & 1 \\ 1 & 3 & 2 \end{pmatrix} \begin{pmatrix} 1 & 2 & 3 \\ 3 & 2 & 1 \end{pmatrix} = \begin{pmatrix} 1 & 2 & 3 \\ 1 & 3 & 2 \end{pmatrix}$$

!注意 4.1.1　例題 4.1.1 に見るように，一般に置換の積は可換でない．

置換 σ に対して，$\tau\sigma = \sigma\tau = id$ となる置換 τ を σ の逆置換 (inverse permutation) といい，$\tau = \sigma^{-1}$ と書く．$\sigma = \begin{pmatrix} 1 & 2 & 3 & \dots & \ell \\ j_1 & j_2 & j_3 & \dots & j_\ell \end{pmatrix}$ に対して，$\sigma^{-1} = \begin{pmatrix} j_1 & j_2 & j_3 & \dots & j_\ell \\ 1 & 2 & 3 & \dots & \ell \end{pmatrix}$ である．すなわち，

> **すべての置換が逆をもつ．**

逆が存在することがわかっていれば，右逆が自動的に逆になる．

置換 $\sigma = \begin{pmatrix} 1 & 2 & 3 & \dots & \ell \\ j_1 & j_2 & j_3 & \dots & j_\ell \end{pmatrix}$ において，$i < k$ であるにもかかわらず $j_i > j_k$ となっている組の数を σ の転倒数 (inversion number) という．例題 4.1.1 の σ_1 の転倒数は 2，σ_2 の転倒数は 3 である．

例題 4.1.1 の σ_2 のように，2 つの成分だけを入れ替える置換を互換 (transposition) といい，$\sigma_2 = (1, 3)$ と書く．

> **互換の逆置換は自分自身である．**

置換における互換のもつ意味をまとめておこう．

補題 4.1.3（互換の転倒数に及ぼす影響）　置換に互換を（左から）掛けると転倒数は偶奇が入れ替わる．

《証明》　置換 $\sigma = \begin{pmatrix} 1 & 2 & 3 & \dots & \ell \\ j_1 & j_2 & j_3 & \dots & j_\ell \end{pmatrix}$ に互換 (j_i, j_k) $(i < k)$ を左から掛け

ると転倒数が奇数変化することを示す．

$i+1 \leq r \leq k-1$ なる j_r と j_i の間の転倒関係の組の数を p, j_r と j_k の間の転倒関係の組の数を q とする．j_i と j_k を入れ替えることにより，j_r と j_i の間の転倒関係は p 組が解消し $k-i-1-p$ 組が発生し，j_r と j_k の間の転倒関係は q 組が解消し $k-i-1-q$ 組が発生する．さらに，$j_i < j_k$ ならば転倒関係が新たに1組発生し，$j_i > j_k$ ならば転倒関係が1組解消する．すなわち，互換 (j_i, j_k) $(i < k)$ を掛けると転倒数は 総計 $(k-i-1-p-p)+(k-i-1-q-q)\pm 1 = 2(k-i-1-p-q)\pm 1$ 増える．±1 いずれにしても奇数の変化である． □

補題 4.1.4（置換は互換の積） すべての置換は互換の積で表される．

《証明》 まず，「任意の置換にいくつかの互換を掛けて，恒等置換にすることができる．」という命題を，長さ ℓ に関する数学的帰納法によって示す．

$\ell = 2$ の場合

置換は恒等置換 $(1,1)$ と 互換 $(2,1)$ しかない．後者には自分自身を掛ければよい．

$\ell = m-1$ まで主張が正しいとして $\ell = m$ の場合を考察する

置換 $\sigma = \begin{pmatrix} 1 & 2 & 3 & \ldots & m \\ j_1 & j_2 & j_3 & \ldots & j_m \end{pmatrix}$ を考える．$j_m = m$ ならば本質的に，長さ $m-1$ 以下の置換であるから，帰納法の仮定により主張は正しい．$j_m < m$ とする．ある $i < m$ があって $j_i = m$ である．よって，$\sigma' = (j_i, j_m)\sigma$ は $\sigma'(m) = m$ となるから，長さ $m-1$ 以下の置換であり，帰納法の仮定により，互換をいくつか掛けることにより恒等置換にできる．

以上の考察により，数学的帰納法により，任意の長さの置換にいくつかの互換を掛けて恒等置換にできる．

上の主張により，互換 σ_j $(1 \leq j \leq n)$ があって，

$$\sigma_n \cdot \sigma_{n-1} \cdot \ldots \cdot \sigma_1 \cdot \sigma = id$$

が成り立っている．互換において $\sigma_j^{-1} = \sigma_j$ であることから，

$$\sigma = \sigma_1^{-1} \cdot \sigma_2^{-1} \cdot \ldots \cdot \sigma_n^{-1} = \sigma_1 \cdot \sigma_2 \cdot \ldots \cdot \sigma_n$$

が成り立つ． □

■例 4.1.1

$$\begin{pmatrix} 1 & 2 & 3 \\ 3 & 1 & 2 \end{pmatrix} = (2,3)(1,2) = (1,2)(2,3)(1,3)(1,2)$$

と，置換を互換の積に書く書き方は多様にある．

> 系 4.1.5（置換の偶奇） 置換を互換の積に書くと，偶数個の互換の積になるか奇数個の互換の積になるかは置換の転倒数の偶奇に一致する．

《証明》 $\sigma = \sigma_1 \cdot \sigma_2 \cdot \cdots \cdot \sigma_n$ と書けているとする．$\sigma = \sigma_1 \cdot \sigma_2 \cdot \cdots \cdot \sigma_n \cdot id$ とも書けて，id の転倒数は 0 だから，補題 4.1.3 により，σ の転倒数の偶奇と互換の個数 n の偶奇は一致する． □

【定義 4.1.2】(置換の符号) 系 4.1.5 により，転倒数が偶数の置換を偶置換 (even permutation)，奇数の置換を奇置換 (odd permutation) と名づける．さらに，偶置換に $+1$，奇置換に -1 を対応させ，これを置換 σ の符号 (sygnature) といい，$\mathrm{sgn}\,\sigma$ と書く．

(5) の証明に戻ろう．「関係式 (4.1.17) の $\sum_{1 \leq j_1 \leq \ell} \cdots \sum_{1 \leq j_\ell \leq \ell}$ において，$1 \leq k \leq \ell$ のすべてにわたって j_k が相異なるもののみ考えればよい」ことを示した所からである．すなわち，ある長さ ℓ の置換 σ により $j_i = \sigma(i)$ となっているもののみが残る：

$$|A| = \sum_{\sigma \in \mathfrak{S}(\ell)} \prod_{i=1}^{\ell} a_{i\,\sigma(i)} \begin{vmatrix} \boldsymbol{e}_{\sigma(1)} \\ \boldsymbol{e}_{\sigma(2)} \\ \vdots \\ \boldsymbol{e}_{\sigma(\ell)} \end{vmatrix}$$

2 つの行を入れ替えることを繰り返して，上の式の右辺の行列式の中を単位行列にすると，系 4.1.5 により，必要な行の入れ替えが偶数回か奇数回かは σ が偶置換か奇置換かで決まる．2 つの行を入れ替えるたびに $\pm$ が入れ替わること

と，単位行列の行列式が 1 であることから，$\begin{vmatrix} \boldsymbol{e}_{\sigma(1)} \\ \boldsymbol{e}_{\sigma(2)} \\ \vdots \\ \boldsymbol{e}_{\sigma(\ell)} \end{vmatrix} = \operatorname{sgn}\sigma$ がわかる．したがって，(4.1.5) が得られた．

(6) 行に関する多重線形性により明らか．

(7) **$\operatorname{rank} A < \ell$ の場合**

定理 3.2.6 (iii) により，$\operatorname{rank} AB < \ell$ である．したがって，(3) により，$|A| = |AB| = 0$ で，(7) が成り立つ．

$\operatorname{rank} A = \ell$ の場合

補題 4.1.2 により，$A = P_1^{-1} P_2^{-1} \cdots P_n^{-1} \begin{pmatrix} 1 & & & \\ & 1 & & \\ & & \ddots & \\ & & & \mu \end{pmatrix}$ $(\mu = |A|)$ である．

$P(i,j;\mu)^{-1} = P(i,j;-\mu)$，$\begin{pmatrix} 1 & & & \\ & 1 & & \\ & & \ddots & \\ & & & \mu \end{pmatrix} = R(\ell;\mu)$ であるから，

$$|AB| = |P_1^{-1} P_2^{-1} \cdots P_n^{-1} R(\ell,\mu) B| = \mu|B| = |A||B|$$

である．

(8) **$\operatorname{rank} A < \ell$ の場合**

$\operatorname{rank}{}^t A = \operatorname{rank} A < \ell$ であるから，$|A| = |{}^t A| = 0$ で，(8) が成り立つ．

$\operatorname{rank} A = \ell$ の場合

補題 4.1.2 により，$A = P_1^{-1} P_2^{-1} \cdots P_n^{-1} R(\ell,\mu)$ $(\mu = |A|)$ である．よって，${}^t A = R(\ell,\mu)\, {}^t P_n^{-1}\, {}^t P_{n-1}^{-1} \cdots {}^t P_1^{-1}$ である．$|R(\ell,\mu)| = \mu |I_\ell| = \mu$ であり，${}^t P(i,j;\mu)^{-1} = P(j,i;-\mu)$ により 1) を用いると $|{}^t P(i,j;\mu)^{-1}| = |I| = 1$ であるから，(7) により

$$|{}^tA| = |R(\ell, \mu){}^tP_n^{-1}{}^tP_{n-1}^{-1}\cdots{}^tP_1^{-1}|$$
$$= |R(\ell, \mu)||{}^tP_n^{-1}||{}^tP_{n-1}^{-1}|\cdots|{}^tP_1^{-1}| = \mu = |A|$$

である.

(9) $A = \begin{vmatrix} A_{\ell_1} & * \\ O & A_{\ell_2} \end{vmatrix}$ について考える.

rank $A_1 < \ell_1$ または rank $A_2 < \ell_2$ の場合

rank $A < \ell$ であるから,$|A_1| = 0$ または $|A_2| = 0$ と,$|A| = 0$ により,(9) が成り立つ.

rank $A_1 = \ell_1$ かつ rank $A_2 = \ell_2$ の場合

補題 4.1.2 により,$A_1 = P_{11}^{-1}P_{12}^{-1}\cdots P_{1m}^{-1}R(\ell_1, \mu_1)$, $A_2 = P_{21}^{-1}P_{22}^{-1}\cdots P_{2n}^{-1}R(\ell_2, \mu_2)$ と書けて,$\mu_1 = |A_1|, \mu_2 = |A_2|$ が成り立つ.P_{1i}^{-1} に対しては ℓ 次正方行列 $P_i = \begin{pmatrix} P_{1i}^{-1} & O \\ O & I_{\ell_2} \end{pmatrix}$ と,P_{2i}^{-1} に対しては ℓ 次正方行列 $P_{m+i} = \begin{pmatrix} I_{\ell_1} & O \\ O & P_{2i}^{-1} \end{pmatrix}$ ととろう."=" を挟むごとに $*$ は異なってもよいとすると,

$$\begin{vmatrix} A_1 & * \\ O & A_2 \end{vmatrix} = \left| P_1 P_2 \cdots P_{m+n} \begin{pmatrix} R(\ell_1, \mu_1) & * \\ O & R(\ell_2, \mu_2) \end{pmatrix} \right| = \mu_1 \mu_2 \begin{vmatrix} I_{\ell_1} & * \\ O & I_{\ell_2} \end{vmatrix}$$
$$= \mu_1 \mu_2 |I_\ell| = \mu_1 \mu_2 = |A_1||A_2|$$

となる.

$\begin{vmatrix} A_{\ell_1} & O \\ * & A_{\ell_2} \end{vmatrix}$ についても同様にして示せる.

後半は,$\ell_1 = \ell - 1, \ell_2 = 1$ として前半を適用し,残った $(\ell-1)$ 次部分に $\ell_1 = \ell - 2, \ell_2 = 1$ として前半を再び適用する,という具合に前半を繰り返し用いれば得られる.

$1'), 2'), (1')\sim(5')$ (8) により,1), 2), (1)~(5) の転置として得られる.
$(5')$ においては,$(i, \sigma(i)) = (\sigma^{-1}(j), j)$ と書けること,$\sigma \to \sigma^{-1}$ が $\mathfrak{S}(\ell)$ から $\mathfrak{S}(\ell)$ への全単射を与え,$\mathrm{sgn}\,\sigma^{-1} = \mathrm{sgn}\,\sigma$ であることから,$\tau = \sigma^{-1}$ と書くと

$$|A| = \sum_{\tau \in \mathfrak{S}(\ell)} \prod_{j=1}^{\ell} (\mathrm{sgn}\,\tau)\, a_{\tau(j)j}$$

と書ける.ここで再び τ を σ と書き直せばよい. □

4.1.3 行列式の計算法 (1)

行列式の値を計算するために 式 (4.1.5) や (4.1.15) を使うのは下手なやり方である．なぜならば，第 1 にこれらの式は ℓ がそこそこ大きいと $\ell!$ 個の膨大な数の項の和や差からなる．和や差の混在は多くの相互の打ち消し合いを含んでいる．$\ell = 2$ のときの

$$\begin{vmatrix} a_{11} & a_{12} \\ a_{21} & a_{22} \end{vmatrix} = a_{11}a_{22} - a_{12}a_{21} \qquad (\text{サラス (Sarrus) の公式})$$

を除いて，この関係式を計算に用いるのは止めたほうがよい．第 2 には，第 6 章で固有値問題を扱うが，固有値を求めるために文字を含んだ行列式を計算する．この行列式は，その文字の多項式で，その因数分解が必要である．すなわち，積に書くことが目的に適うのであって，多数の項の和や差に書くことは目的に反する．

ここでは，定理 4.1.1 (9) による計算方法を示す．(4.2.2 項で余因子展開を使った，もっと能率の良い計算方法を与える．)

例題 4.1.2 (行列式の計算法 (1))　下の行列の行列式の値を求めなさい．

(i) $\begin{pmatrix} 4 & 4 & 4 \\ 1 & 2 & 4 \\ -1 & 2 & 8 \end{pmatrix}$, (ii) $\begin{pmatrix} 1 & 1 & 3 \\ 1 & 3 & 6 \\ -1 & 8 & 15 \end{pmatrix}$

[解答例] (三角化)　行列式の計算にもガウス–ジョルダンの消去法が使える．しかし，連立方程式を解く，ランクを求める，逆行列を求める，いずれの場合にも同等な内容をもつような式の変形であり，『→』によって繋いでいった．しかし，行列式は『値』であり，『=』による等しい量の連鎖である．気をつけなければいけない点は，行（あるいは列）を入れ替えると行列式は (-1) 倍になること，行（あるいは列）を $\mu(\neq 0)$ 倍すると行列式は μ 倍になること，である．

(i)

$$\begin{vmatrix} 4 & 4 & 4 \\ 1 & 2 & 4 \\ -1 & 2 & 8 \end{vmatrix} \underset{4\text{を括り出す}}{\overset{1\text{行目から}}{=}} 4\begin{vmatrix} 1 & 1 & 1 \\ 1 & 2 & 4 \\ -1 & 2 & 8 \end{vmatrix} \underset{3\text{行}+1\text{行}}{\overset{2\text{行}-1\text{行}}{=}} 4\begin{vmatrix} 1 & 1 & 1 \\ 0 & 1 & 3 \\ 0 & 3 & 9 \end{vmatrix} \overset{3\text{行}-2\text{行}\times 3}{=} 4\begin{vmatrix} 1 & 1 & 1 \\ 0 & 1 & 3 \\ 0 & 0 & 0 \end{vmatrix} = 0$$

前進消去中，ある行または列がゼロベクトルになれば行列式は 0.

(ii)

$$\begin{vmatrix} 1 & 1 & 3 \\ 1 & 3 & 6 \\ -1 & 8 & 15 \end{vmatrix} \underset{3\text{を括り出す}}{\overset{3\text{列から}}{=}} 3\begin{vmatrix} 1 & 1 & 1 \\ 1 & 3 & 2 \\ -1 & 8 & 5 \end{vmatrix} \underset{3\text{行}+1\text{行}}{\overset{2\text{行}-1\text{行}}{=}} 3\begin{vmatrix} 1 & 1 & 1 \\ 0 & 2 & 1 \\ 0 & 9 & 6 \end{vmatrix} \underset{3\text{を括り出す}}{\overset{3\text{行から}}{=}} 9\begin{vmatrix} 1 & 1 & 1 \\ 0 & 2 & 1 \\ 0 & 3 & 2 \end{vmatrix} \underset{\text{入れ換える}}{\overset{2\text{列と}3\text{列を}}{=}} (-9)\begin{vmatrix} 1 & 1 & 1 \\ 0 & 1 & 2 \\ 0 & 2 & 3 \end{vmatrix}$$

$$\overset{3\text{行}-2\text{行}\times 2}{=} (-9)\begin{vmatrix} 1 & 1 & 1 \\ 0 & 1 & 2 \\ 0 & 0 & -1 \end{vmatrix} = (-9)\cdot 1 \cdot 1 \cdot (-1) = 9$$

- 共通の数を括り出しつつ，行あるいは列の基本変形により，三角化する．
- 括り出した数と対角成分（ピボット）の積が行列式である．
- 三角化の方法であると，行列式は積の形で求まる．後に第 6 章で固有多項式を求めるために文字入りの行列式を計算するが，その最終形は因数分解でなければならない．すなわち，積の形である．

**三角化の方法がサラスの公式より優れている点は，
行列式が積の形で求まる点である．**

4.2 余因子展開

4.2.1 余因子展開

行列式の行・列に関する多重線形性を利用すると，多方面に使える「余因子展開 (cofactor expansion) が得られる．ℓ 次正方行列 $A = (a_{ij})_{1\leq i,j\leq \ell}$ に対して，その i 行と j 列を取り去った $\ell-1$ 次正方行列を A_{ij} と書く．

$$\Delta_{ij} = (-1)^{i+j}|A_{ij}|$$

を行列 A の (i,j)-余因子 (cofactor) という．

定理 4.2.1（余因子展開）

$$|A| = \sum_{j=1}^{\ell} a_{ij}\Delta_{ij} \quad (1 \leq i \leq \ell) \qquad (i\,行に関する余因子展開) \qquad (4.2.1)$$

$$= \sum_{i=1}^{\ell} a_{ij}\Delta_{ij} \quad (1 \leq j \leq \ell) \qquad (j\,列に関する余因子展開) \qquad (4.2.2)$$

《証明》 (4.2.1) を示そう．$A = (a_{ij})_{1 \leq i,j \leq \ell} = \begin{pmatrix} \boldsymbol{a}_1 \\ \boldsymbol{a}_2 \\ \vdots \\ \boldsymbol{a}_\ell \end{pmatrix}$ $(\boldsymbol{a}_i = (a_{i1}, a_{i2}, \ldots, a_{i\ell}))$

とする．$\boldsymbol{e}_j = (0, \ldots, 0, \overset{j}{1}, 0, \ldots, 0)$ $(1 \leq j \leq \ell)$ を用いて行列式 $|A|$ の i 行を $\sum_{j=1}^{\ell} a_{ij}\boldsymbol{e}_j$ と線形結合に書いておく．

$$|A| = \begin{vmatrix} \boldsymbol{a}_1 \\ \vdots \\ \sum_{j=1}^{\ell} a_{ij}\boldsymbol{e}_j \\ \vdots \\ \boldsymbol{a}_\ell \end{vmatrix} = \sum_{j=1}^{\ell} a_{ij} \begin{vmatrix} \boldsymbol{a}_1 \\ \vdots \\ \boldsymbol{e}_j \\ \vdots \\ \boldsymbol{a}_\ell \end{vmatrix}$$

である．i 行を 1 つずつ上の行と $(i-1)$ 回入れ替え，j 列を 1 つずつ左の列と $(j-1)$ 回入れ替えて，(4.1.9) を適用すると，

$$|A| = \sum_{j=1}^{\ell} (-1)^{i-1+j-1} a_{ij} \begin{vmatrix} 1 & 0 & \cdots & 0 & 0 & \cdots & 0 \\ a_{1j} & a_{11} & \cdots & a_{1\,j-1} & a_{1\,j+1} & \cdots & a_{1\ell} \\ \vdots & \vdots & \vdots & \vdots & \vdots & \vdots & \vdots \\ a_{i-1\,j} & a_{i-1\,1} & \cdots & a_{i-1\,j-1} & a_{i-1\,j+1} & \cdots & a_{i-1\,\ell} \\ a_{i+1\,j} & a_{i+1\,1} & \cdots & a_{i+1\,j-1} & a_{i+1\,j+1} & \cdots & a_{i+1\,\ell} \\ \vdots & \vdots & \vdots & \vdots & \vdots & \vdots & \vdots \\ a_{\ell\,j} & a_{\ell\,1} & \cdots & a_{\ell\,j-1} & a_{\ell\,j+1} & \cdots & a_{\ell\,\ell} \end{vmatrix}$$

$$= \sum_{j=1}^{\ell} (-1)^{i+j} a_{ij} |A_{ij}| = \sum_{j=1}^{\ell} a_{ij}\Delta_{ij}$$

を得る．

(4.2.2) は j 列を縦ベクトルの標準基底の線形結合に表してやれば，上と同様にして示せる． □

4.2.2　行列式の計算法 (2)

例題 4.1.2 の解答例において，2 番目の式から最後まで第 1 行の第 2 成分と第 3 成分は不変で，かつ，結果に影響しない．このような

> 不要なものを何度も書くのは合理的でない．

一方，行列のサイズが大きくなると，行列の成分を 1 回書くだけで大いに手間がかかるし，書き間違い・読み間違いのもとである．成分は，4 次行列で 16 個，5 次行列で 25 個もあるからである．したがって，行列式の計算において，行列式のサイズを小さいものに置き換えられたら計算がずっと楽になる．それを可能にするのが『余因子展開』である．しかし，じかに余因子展開をすると，4 次行列式の場合，元の成分は 16 個，余因子展開後は 4 個の 3 次行列式の和になるから $9 \times 4 = 36$ 個で，余因子展開したほうが書く手間が増える．

> とにかく直ちに，余因子展開，は下手である．
> 着目した行，あるいは列，の 1 つの成分以外は 0 になるように
> 下準備してから余因子展開すれば，楽に積の形で行列式が求まる．

例題 4.2.1 (**行列式の計算法 (2)**)　下の行列の行列式の値を求めなさい．

$$\begin{pmatrix} 4 & 4 & 4 & 8 \\ 1 & 2 & 0 & 2 \\ -1 & 2 & 8 & 1 \\ 2 & 1 & 0 & 0 \end{pmatrix}$$

[解答例]（余因子展開の上手な使用）

> (1) **0 をなるべく多く含む行（あるいは列）を選ぶ．**
> (2) **その行（あるいは列）の 1 つの成分以外を基本変形で 0 にする．**
> (3) **その行（あるいは列）に関して余因子展開する．**

この作業を繰り返す．

$$
\begin{vmatrix} 4 & 4 & 4 & 8 \\ 1 & 2 & 0 & 2 \\ -1 & 2 & 8 & 1 \\ 2 & 1 & 0 & 0 \end{vmatrix} \xrightarrow{1\text{行目から}4\text{を括り出す}} = 4 \begin{vmatrix} 1 & 1 & 1 & 2 \\ 1 & 2 & 0 & 2 \\ -1 & 2 & 8 & 1 \\ 2 & 1 & 0 & 0 \end{vmatrix} \xrightarrow{1\text{列}-2\text{列}\times 2} = 4 \begin{vmatrix} -1 & 1 & 1 & 2 \\ -3 & 2 & 0 & 2 \\ -5 & 2 & 8 & 1 \\ 0 & 1 & 0 & 0 \end{vmatrix}
$$

$$
\xrightarrow{4\text{行に関して余因子展開}} = 4\cdot(-1)^{4+2}\cdot 1 \begin{vmatrix} -1 & 1 & 2 \\ -3 & 0 & 2 \\ -5 & 8 & 1 \end{vmatrix} \xrightarrow{3\text{行}-1\text{行}\times 8} = 4 \begin{vmatrix} -1 & 1 & 2 \\ -3 & 0 & 2 \\ 3 & 0 & -15 \end{vmatrix} \xrightarrow{2\text{列に関して余因子展開}} = 4\cdot(-1)^{1+2}\cdot 1 \begin{vmatrix} -3 & 2 \\ 3 & -15 \end{vmatrix}
$$

$$
\xrightarrow{1\text{列から}(-3)\text{を括り出す}} = (-4)(-3) \begin{vmatrix} 1 & 2 \\ -1 & -15 \end{vmatrix} \xrightarrow{2\text{行}+1\text{行}} = 12 \begin{vmatrix} 1 & 2 \\ 0 & -13 \end{vmatrix} \xrightarrow{\text{上半三角行列の行列式}} = 12 \cdot 1 \cdot (-13) = -156
$$

4.2.3 逆行列の公式

余因子展開は多くの副次的公式をもたらす．（これらは理論のための公式で，計算に使うものではない．）それらの基礎となるラプラスの展開定理 (Laplace expansion theorem) を与えておこう．

> **命題 4.2.2（ラプラスの展開定理）** ℓ 次正方行列 $A = (a_{ij})_{1 \le i,j \le \ell}$ において，
>
> $$\sum_{j=1}^{\ell} a_{ij}\Delta_{kj} = \begin{cases} |A| & (i=k) \\ 0 & (i \ne k) \end{cases} \quad (4.2.3)$$
>
> $$\sum_{j=1}^{\ell} \Delta_{ji}a_{jk} = \begin{cases} |A| & (i=k) \\ 0 & (i \ne k) \end{cases} \quad (4.2.4)$$
>
> である．

《証明》 $i = k$ の場合は余因子展開 (4.2.1) に他ならない.

$i \neq k$ の場合を考えよう. $A = (a_{ij})_{1 \leq i,j \leq \ell} = \begin{pmatrix} \boldsymbol{a}_1 \\ \boldsymbol{a}_2 \\ \vdots \\ \boldsymbol{a}_\ell \end{pmatrix}$ ($\boldsymbol{a}_i = (a_{i1}, a_{i2}, \ldots, a_{i\ell})$)

とする.

$$\sum_{j=1}^{\ell} a_{ij} \Delta_{kj} = \begin{vmatrix} \vdots \\ \boldsymbol{a}_i \\ \vdots \\ \boldsymbol{a}_i \\ \vdots \end{vmatrix} = 0 \tag{4.2.5}$$

(i 行も k 行も $\boldsymbol{a}_i$ の行列式の k 行に関する余因子展開)

である. □

定理 4.2.3 (逆行列の公式) $|A| \neq 0$ とする.
$$A^{-1} = \frac{1}{|A|} {}^t(\Delta_{ij}) \tag{4.2.6}$$
である.

《証明》 式 (4.2.3) の両辺を $|A|$ で割ると, $\frac{1}{|A|} {}^t(\Delta_{ij})_{1 \leq i,j \leq \ell}$ が A の右逆行列であることを示している. 系 3.3.3 (ii) により, 正方行列においては, 右逆行列は逆行列であるから, 定理が得られた. □

4.2.4 クラメールの公式

逆行列の公式から, 連立一次方程式の解がただ 1 つある場合の公式が導かれる. (解がたくさんある場合の公式は 4.3.2 項で扱う.)

定理 4.2.4（クラメールの公式 (Cramer's formula)） A は ℓ 次正方行列で，$|A| \neq 0$ とする．$\boldsymbol{b}$ を与えられた ℓ 次元縦ベクトルとする．B_j を行列 A の第 j 列を $\boldsymbol{b}$ で置き換えた ℓ 次正方行列とする．

$$A\boldsymbol{x} = \boldsymbol{b}$$

の解は

$$x_j = \frac{|B_j|}{|A|} \quad (1 \leq j \leq \ell) \tag{4.2.7}$$

である．

《証明》 $\boldsymbol{b} = {}^t(b_1, b_2, \ldots, b_\ell)$ とする．行列 A が逆行列をもつから，

$$\boldsymbol{x} = A^{-1}\boldsymbol{b} = \frac{1}{|A|} {}^t(\Delta_{ij})_{1 \leq i,j \leq \ell} \begin{pmatrix} b_1 \\ b_2 \\ \vdots \\ b_\ell \end{pmatrix} = \frac{1}{|A|} \Big(\sum_{i=1}^{\ell} \Delta_{ij} b_i\Big)_{1 \leq j \leq \ell} \downarrow$$

となっている．すなわち

$$x_j = \frac{1}{|A|} \sum_{i=1}^{\ell} \Delta_{ij} b_i$$

である．上の式の右辺の和は，行列 A の第 j 列を $\boldsymbol{b}$ で置き換えた行列の j 列に関する余因子展開 (4.2.2) である．よって，定理が得られた． □

✎ 上の2つの定理は，行列 A の各成分がどのように A^{-1} や連立一次方程式の解に関わっているかを明示するものであるから，理論のためには重要である．

4.3 行列のランク再考
4.3.1 小行列式

$\ell \times m$ 行列 A の r 個の行と r 個の列を選び，それらの格子成分からなる行列の行列式を A の r 次の小行列式 (minor) という．（もちろん，$r \leq \min\{\ell, m\}$ である．r 次小行列式は一般にいくつもある．）

小行列式を用いて行列のランクを特徴づけておこう．

定理 4.3.1 rank $A = r$ $\iff$

(1) A の $(r+1)$ 次以上の小行列式はすべて 0 である.

(2) A の r 次の小行列式の中に 0 でないものがある.

《証明》 $A = (a_{ij})_{1\leq i\leq \ell, 1\leq j\leq m} = \begin{pmatrix} \boldsymbol{a}_1 \\ \boldsymbol{a}_2 \\ \vdots \\ \boldsymbol{a}_\ell \end{pmatrix}$ ($\boldsymbol{a}_i = (a_{i1}, a_{i2}, \ldots, a_{im})$) とする.

A のある s 個の行ベクトル $\{\boldsymbol{a}_{i_1}, \boldsymbol{a}_{i_2}, \ldots, \boldsymbol{a}_{i_s}\}$ が線形独立

$\iff$ rank $\begin{pmatrix} \boldsymbol{a}_{i_1} \\ \boldsymbol{a}_{i_2} \\ \vdots \\ \boldsymbol{a}_{i_s} \end{pmatrix} = s$

$\iff$ 行列 $\begin{pmatrix} \boldsymbol{a}_{i_1} \\ \boldsymbol{a}_{i_2} \\ \vdots \\ \boldsymbol{a}_{i_s} \end{pmatrix}$ の s 個の列ベクトル $\begin{pmatrix} a_{i_1 j_k} \\ a_{i_2 j_k} \\ \vdots \\ a_{i_s j_k} \end{pmatrix}$ ($1 \leq k \leq s$) が線形独立

$\iff$ 行列 A の s 次小行列式 $|(a_{i_h j_k})_{1\leq h,k\leq s}|$ が 0 でない

が成り立つから, 定理が成り立つ. $\square$

4.3.2 係数行列式のランクが低い場合の解の公式

A を $\ell \times m$ 行列, $\boldsymbol{b}$ を与えられた ℓ 次元ベクトル, $\boldsymbol{x}$ を未知の m 次元ベクトルとする連立一次方程式

$$A\boldsymbol{x} = \boldsymbol{b} \tag{4.3.1}$$

を考える. 定理 3.2.3 (i) により, 解をもつための必要十分条件

$$\text{rank}\, A = \text{rank}(A, \boldsymbol{b})$$

を仮定しておく.

$$\text{rank}\, A = r \ (\leq \min\{\ell, m\})$$

とする．このとき，$\ell \times (m+1)$ 行列 $(A, \boldsymbol{b})$ において，ある r 行が線形独立で，他の行はこれらの線形結合に書ける．すなわち，線形独立な r 個の式を解けば，他の式は自動的に満たされる．$\mathrm{rank}\,A$ も r だから，式を入れ替えて，第 1 行から第 r 行までが線形独立で，この r 行を取り出した行列の第 1 列から第 m 列のうちの r 個の列が線形独立になっているとしてよい．A の上 r 行からなる $r \times m$ 行列を A'，$\boldsymbol{b}$ の上 r 個の成分からなる r 次元ベクトルを $\boldsymbol{b}'$ とする．

$$A'\boldsymbol{x} = \boldsymbol{b}'$$

を解けば解が求まる．

さて，$\mathrm{rank}\,A' = r$ だから，未知数を入れ替えて，A' の第 1 列から第 r 列までが線形独立としてよい．A' の左 r 列からなる r 次正方行列を A'' とする．A' の第 j 列を $\boldsymbol{a}_j$ と書いて，$A' = (A'', \boldsymbol{a}_{r+1}, \ldots, \boldsymbol{a}_m)$ と表しておこう．

系 4.3.2（一般の場合のクラメールの公式） $\mathrm{rank}\,A = \mathrm{rank}(A, \boldsymbol{b})$ を仮定する．連立一次方程式 (4.3.1) において，$\mathrm{rank}\,A = r$ とする．必要ならば式および未知数をそれぞれ入れ替えて，A の第 1 行から第 r 行まで，第 1 列から第 r 列までの r 次正方行列 A'' の行列式が 0 にならないとしてよい．A の上から r 行からなる $r \times m$ 行列を $A' = (\boldsymbol{a}_j)_{1 \le j \le m}$ と列ベクトル表示し，また，右辺 $\boldsymbol{b}$ の上 r 個の成分からなる r 次元ベクトルを $\boldsymbol{b}'$ とする．このとき，(4.3.1) の解は下記のベクトル $\boldsymbol{x}_j$ $(0 \le j \le m-r)$ の和である．

$$\boldsymbol{x}_0 = {}^t(x_{10}, \ldots, x_{r0}, 0, 0, \ldots, 0) \tag{4.3.2}$$

$$x_{i0} = \frac{|\boldsymbol{a}_1, \ldots, \boldsymbol{a}_{i-1}, \overset{i}{\boldsymbol{b}'}, \boldsymbol{a}_{i+1}, \ldots, \boldsymbol{a}_r|}{|A''|} \quad (1 \le i \le r) \tag{4.3.3}$$

$$\boldsymbol{x}_j = t_j \cdot {}^t(x_{1j}, \ldots, x_{rj}, 0, \ldots, 0, \overset{r+j}{1}, 0, \ldots, 0) \quad (1 \le j \le m-r) \tag{4.3.4}$$

$$x_{ij} = -\frac{|\boldsymbol{a}_1, \ldots, \boldsymbol{a}_{i-1}, \overset{i}{\boldsymbol{a}_{r+j}}, \boldsymbol{a}_{i+1}, \ldots, \boldsymbol{a}_r|}{|A''|}$$

$$(1 \le i \le r, 1 \le j \le m-r) \tag{4.3.5}$$

$(t_1, t_2, \ldots, t_{m-r}$ はパラメータ$)$

4.4 行列式の1階線形常微分方程式系への応用

行列式の表現公式 (4.1.5) は理論のための公式で，計算には向かない．それでは，理論にどう使えるのか例を挙げておこう．

4.4.1 函数を成分にもつ行列の行列式の導関数

> **命題 4.4.1（函数を成分にもつ行列の行列式の導関数）**
>
> $$X(t) = (x_{ij}(t))_{1 \leq i,j \leq \ell} = \begin{pmatrix} \boldsymbol{x}_1(t) \\ \boldsymbol{x}_2(t) \\ \vdots \\ \boldsymbol{x}_\ell(t) \end{pmatrix} = \begin{pmatrix} \tilde{\boldsymbol{x}}_1(t), & \tilde{\boldsymbol{x}}_2(t), & \ldots, & \tilde{\boldsymbol{x}}_\ell(t) \end{pmatrix}$$
>
> $(\boldsymbol{x}_i(t) = (x_{i1}(t), x_{i2}(t), \ldots, x_{i\ell}(t)), \ \tilde{\boldsymbol{x}}_j(t) = {}^t(x_{1j}(t), x_{2j}(t), \ldots, x_{\ell j}(t)))$
> とする．$\alpha(t) = \det X(t)$ とおこう．$x_{ij}(t)$ がすべて微分可能ならば $\alpha(t)$ も微分可能で，
>
> $$\frac{d\alpha}{dt}(t) = \sum_{k=1}^{\ell} \begin{vmatrix} \boldsymbol{x}_1(t) \\ \vdots \\ \boldsymbol{x}'_k(t) \\ \vdots \\ \boldsymbol{x}_\ell(t) \end{vmatrix} \quad (4.4.1)$$
>
> $$= \sum_{j=1}^{\ell} \begin{vmatrix} \tilde{\boldsymbol{x}}_1(t) & \ldots & \tilde{\boldsymbol{x}}'_j(t) & \ldots & \tilde{\boldsymbol{x}}_\ell(t) \end{vmatrix} \quad (4.4.2)$$
>
> が成り立つ．ここに，$\boldsymbol{x}'(t) = \dfrac{d}{dt}\boldsymbol{x}(t)$ である．

《証明》 (4.4.1) を示す．(4.4.2) も同様に示せる．

公式 (4.1.5) により $\alpha(t)$ の微分可能性は明らかである．さらに，積の微分の公式により，

$$\frac{d\alpha}{dt}(t) = \sum_{k=1}^{\ell} \sum_{\sigma \in \mathfrak{S}(\ell)} (\operatorname{sgn} \sigma) x'_{k\,\sigma(k)}(t) \prod_{1 \leq i \leq \ell, i \neq k} x_{i\,\sigma(i)}(t)$$

$$= \sum_{k=1}^{\ell} \begin{vmatrix} \boldsymbol{x}_1(t) \\ \vdots \\ \boldsymbol{x}'_k(t) \\ \vdots \\ \boldsymbol{x}_\ell(t) \end{vmatrix}$$

が成り立つ. □

4.4.2 線形常微分方程式系の解の線形独立性

さらに命題 4.4.1 を応用してみよう.

1 階線形常微分方程式系：
$$\frac{d\boldsymbol{x}}{dt} = A(t)\boldsymbol{x} \tag{4.4.3}$$

を考える. ここに, $\boldsymbol{x} = \boldsymbol{x}(t) = {}^t(x_1(t), x_2(t), \ldots, x_\ell(t))$ は ℓ 次元の未知のベクトル値函数, $A(t) = (a_{ij}(t))_{1 \leq i,j \leq \ell}$ は係数行列, である.

ℓ 個の解ベクトル $\boldsymbol{x}_1(t), \boldsymbol{x}_2(t), \ldots, \boldsymbol{x}_\ell(t)$ $(\boldsymbol{x}_j(t) = {}^t(x_{1j}(t), x_{2j}(t), \ldots, x_{\ell j}(t)))$ を並べた ℓ 次正方行列を $W(t) = (x_{ij}(t))_{1 \leq i,j \leq \ell}$ と書く. その行列式を $w(t)$ と書き, ロンスキアン (Wronskian) と呼ぶ.

> **定理 4.4.2**
> (1) ロンスキアンは
> $$\frac{dw}{dt} = \left(\operatorname{tr} A(t) \right) w \qquad (\operatorname{tr} A = \sum_{i=1}^{\ell} a_{ii}) \tag{4.4.4}$$
> を満たす. ($\operatorname{tr} A = \sum_{i=1}^{\ell} a_{ii}$ を行列 A のトレース (trace) という.)
>
> (2) 方程式 (4.4.3) に ℓ 個の解ベクトルがあり, 時刻 $t_\circ$ においてそれらが線形独立とする. このとき, これらの解ベクトルはあらゆる時刻において線形独立である.

《証明》 (1) 行列 $W(t)$ を行ベクトル表示しておく：

$$W(t) = \begin{pmatrix} \boldsymbol{w}_1(t) \\ \boldsymbol{w}_2(t) \\ \vdots \\ \boldsymbol{w}_\ell(t) \end{pmatrix} \qquad (\boldsymbol{w}_i(t) = (x_{i1(t)}, x_{i2}(t), \ldots, x_{i\ell}(t))$$

命題 4.4.1 により，

$$\frac{dw}{dt}(t) = \sum_{k=1}^{\ell} \begin{vmatrix} \boldsymbol{w}_1(t) \\ \vdots \\ \boldsymbol{w}'_k(t) \\ \vdots \\ \boldsymbol{w}_\ell(t) \end{vmatrix}$$

である．$x'_{kj}(t) = \sum_{i=1}^{\ell} a_{ki}(t) x_{ij}(t)$ $(1 \leq j, k \leq \ell)$ ゆえ，$\boldsymbol{w}'_k(t) = \sum_{i=1}^{\ell} a_{ki}(t) \boldsymbol{w}_i(t)$ が成り立つ．よって，

$$\frac{dw}{dt}(t) = \sum_{k=1}^{\ell} \begin{vmatrix} \boldsymbol{w}_1(t) \\ \vdots \\ a_{k1}(t)\boldsymbol{w}_1(t) + \cdots + a_{k\ell}(t)\boldsymbol{w}_\ell(t) \\ \vdots \\ \boldsymbol{w}_\ell(t) \end{vmatrix}$$

$$= \sum_{k=1}^{\ell} a_{kk}(t) \begin{vmatrix} \boldsymbol{w}_1(t) \\ \vdots \\ \boldsymbol{w}_k(t) \\ \vdots \\ \boldsymbol{w}_\ell(t) \end{vmatrix} = \bigl(\operatorname{tr} A(t)\bigr) w(t)$$

(2) (1) により，ロンスキアンは

$$w(t) = w(t_\circ) \exp\left(\int_{t_\circ}^{t} \operatorname{tr} A(s) ds \right) \tag{4.4.5}$$

を満たす．$t = t_\circ$ において解ベクトルは線形独立であったから，$w(t_\circ) \neq 0$ である．指数関数は 0 にならないから，$w(t)$ は常に 0 でない． □

!注意 4.4.1　線形独立な解を ℓ 個並べて作った ℓ 次正方行列 $W(t)$ を解の基本系 (fundamental system) という．$\bm{x}_j(t_\circ) = \bm{e}_j$ ととっておくと $W(t_\circ) = I_\ell$ となる．したがって，$\bm{x}(t_\circ) = \bm{b}$ となる方程式 (4.4.3) の解（初期値問題の解）は

$$\bm{x}(t) = W(t)\bm{b}$$

で得られる．

4.4.3　1階定数係数線形常微分方程式系の初期値問題の解の公式

記述を簡単にするために $t_\circ = 0$ としよう．A が定数係数の場合に1階定数係数線形常微分方程式系

$$\begin{cases} \dfrac{d\bm{x}}{dt} = A\bm{x} + \bm{f}(t) \\ \bm{x}(0) = \bm{b} \end{cases} \tag{4.4.6}$$

の解の公式を得たい．

$$\exp(tA) = \sum_{k=0}^{\infty} \frac{t^k}{k!} A^k \tag{4.4.7}$$

とおくと，絶対かつ広義一様収束し，t の解析函数を与える．これを行列の指数関数 (exponential function of matrix) という．計算に現れる行列の積が交換可能だから，

$$\frac{d}{dt}\exp(tA) = A\exp(tA) = \exp(tA)A, \tag{4.4.8}$$

$$\exp(sA) \cdot \exp(tA) = \exp\bigl((s+t)A\bigr) \quad \text{特に}\ \{\exp(tA)\}^{-1} = \exp(-tA) \tag{4.4.9}$$

が成り立つ．このことから，1階単独線形常微分方程式の場合と同様にして解の公式が得られる．

定理 4.4.3（定係数1階線形常微分方程式系の解の公式）　方程式系 (4.4.6) の解は下の公式で与えられる：

$$\bm{x}(t) = \exp(tA)\bm{b} + \exp(tA)\int_0^t \exp(-sA)\bm{f}(s)ds \tag{4.4.10}$$

!注意 4.4.2　解の公式 (4.4.10) が得られたからといって，$t \to \pm\infty$ の解の挙動がわかるわけではない．解の挙動を分析するためには，第6章 の行列の対角化（あるいは三角化）が有力となる．(6.10 節参照.)

!注意 4.4.3 方程式 (4.4.3) において,係数行列 A が t の函数ならば,定係数の場合のようには都合よくいかない. $A(t)$ と $\int_0^t A(s)ds$ が一般に可換でなく,(4.4.8) が成り立たないからである.

演習問題

4.1 下の行列の (2,1) 余因子,(2,2) 余因子,(2,3) 余因子,(2,4) 余因子,および行列式の値を求めなさい.

(1) $\begin{pmatrix} 1 & 1 & 3 & 3 \\ 0 & 1 & 1 & 2 \\ 1 & 0 & 2 & 0 \\ 1 & 3 & 7 & 8 \end{pmatrix}$
(2) $\begin{pmatrix} 2 & 3 & 5 & 0 \\ 1 & 1 & 1 & 1 \\ -3 & -6 & -11 & 3 \\ 0 & 2 & 2 & -3 \end{pmatrix}$

(3) $\begin{pmatrix} 1 & 2 & 1 & 2 \\ 2 & 1 & 1 & 3 \\ 3 & 0 & 1 & 4 \\ -1 & 4 & 1 & 0 \end{pmatrix}$

4.2 $\{a_j\}_{j=1}^{\ell}$ を定数とする.下の左辺の行列式をヴァンデルモンド行列式 (Vandermonde determinant) という.等式を証明しなさい.

$$\begin{vmatrix} 1 & 1 & \cdots & 1 \\ a_1 & a_2 & \cdots & a_\ell \\ a_1{}^2 & a_2{}^2 & \cdots & a_\ell{}^2 \\ \vdots & \vdots & \vdots & \vdots \\ a_1{}^{\ell-1} & a_2{}^{\ell-1} & \cdots & a_\ell{}^{\ell-1} \end{vmatrix} = \prod_{1 \le i < j \le \ell} (a_j - a_i)$$

第5章
一般のベクトル空間と線形写像

5.1 一般のベクトル空間

第2章の内容は，数ベクトル空間でなくても成り立つ．

線形空間に必要なものは，まずスカラーで，(2.2.1) の9つの性質しか使わなかったのでこれらを満たせばよい．この本では今まで通りスカラーを実数体（必要に応じて複素数体）にとろう．つぎに必要なものは「**ベクトル空間 X における"和"と"スカラー倍"**」で，(2.3.2) の8つの性質しか使わなかったので，これらを満たせばよい．

> 集合 X に「和 と スカラー倍」が定義されていて，
> (2.3.2) の8つの性質が成り立つとき X を
> （一般の）ベクトル空間 (vector space) と呼ぶ．

具体例を挙げておこう．

■**例 5.1.1（函数の空間）** 集合 I 上の函数の全体を $\mathcal{F}(I)$ と書く．$\mathcal{F}(I)$ の函数をベクトルと見なす．$\mathcal{F}(I)$ の函数 $f(t), g(t)$ をとる．a をスカラーとしよう．

ベクトルの和とスカラー倍を

$$(f+g)(t) = f(t) + g(t), \qquad (af)(t) = a\,f(t) \qquad (t \in I) \qquad (5.1.1)$$

と定義する．

> $(f+g)$ は「エフ・足す・ジー」ではなく,「エフプラスジー」という函数, (af) も「エー・掛ける・エフ」ではなく,「エーエフ」という函数である.

また,

> $\mathcal{F}(I)$ のゼロベクトルは「I 上, **恒等的に** 0 の函数」(0 と書く)である.

これらの定義により, $\mathcal{F}(I)$ はベクトル空間をなす.

$\mathcal{F}$ の部分空間においては, $\mathcal{F}$ における「ベクトルの和とスカラー倍」を用いる. たとえば

$C(I) = \{f(t) \in \mathcal{F}(I) : f(t)$ は I 上連続$\}$

$C^m(I) = \{f(t) \in C(I) : f(t)$ は I 上 m 階まで微分可能で, 各階導関数が連続$\}$

$C^\infty(I) = \{f(t) \in C(I) : f(t)$ は I 上 何階でも微分可能で, 各階導関数が連続$\}$

$\mathcal{A}(I) = \mathbf{R}\{t\} = \{f(t) \in C^\infty(I) : f(t)$ は I 上, 実解析的$\}$

$\mathbf{R}[t] = \{f(t)$ は $\mathbf{R}$ 係数多項式$\}$

$\mathbf{R}_m[t] = \{f(t)$ は $\mathbf{R}$ 係数の高々 m 次の多項式$\}$

などがある. $p < q$ ($p, q \in \mathbf{N} \cup \{0\}$) とすると

$$\mathbf{R}_p[t] \subsetneq \mathbf{R}_q[t] \subsetneq \mathbf{R}[t] \subsetneq \mathcal{A}(I) \subsetneq C^\infty(I) \subsetneq C^q(I) \subsetneq C^p(I) \subsetneq \mathcal{F}(I) \tag{5.1.2}$$

が成り立つ. ここに, $C^0(I) = C(I)$ である. これらの函数空間はすべて $\mathbf{R}$ 上のベクトル空間をなす.

$\mathbf{R}_m[t]$ は基底 $\{1, t, t^2, \ldots, t^m\}$ をもつ. これらの函数の線形独立性は, $c_0 + c_1 t + c_2 t^2 + \cdots + c_m t^m$ はすべての係数が 0 の場合を除いて, 有限個の零点しかもたず恒等的に 0 にならないことからわかる. (別の見方もある. $c_0 + c_1 t + c_2 t^2 + \cdots + c_m t^m$ が恒等的に 0 とする. m 階の導関数を考えると $c_m = 0$ がわかる. このことを認めて $(m-1)$ 階導関数を考えると $c_{m-1} = 0$ もわかる. これを繰り返してすべての $c_j = 0$ が得られる.) 基底をなす函数の数から $\mathbf{R}_m[t]$ が $(m+1)$ 次元であることがわかる. 一方, $\mathbf{R}[t]$ においては, 任意の m について $\{1, t, t^2, \ldots, t^m\}$ が線形独立だから, 無限次元である. もちろん, 多項式の空間を含む空間はすべて無限次元である.

第 5 章　一般のベクトル空間と線形写像

第 2 章において,「数ベクトル」を「ベクトル」と書き直せば,すべての結果が「一般のベクトル空間」でも成り立つ.

例題 5.1.1　関数空間を実数体上のベクトル空間と見る.下のベクトル達は線形独立か,判定しなさい.(t は関数の独立変数である.)

$$\{1, e^t, e^{2t}\}$$

[解答例]
$$c_1 \cdot 1 + c_2 e^t + c_3 e^{2t} = 0$$

とする.$g(t) = c_1 \cdot 1 + c_2 e^t + c_3 e^{2t}$ とおくと,$g(t)$ が恒等的に 0 である.よって,$g'(t) = 0, g''(t) = 0$ も成り立つ.これより,$g(0) = 0, g'(0) = 0, g''(0) = 0$ が成り立つ.すなわち,

$$c_1 + c_2 + c_2 = 0$$
$$c_2 + 2c_2 = 0$$
$$c_2 + 4c_2 = 0$$

行列とベクトルで書くと

$$\begin{pmatrix} 1 & 1 & 1 \\ 0 & 1 & 2 \\ 0 & 1 & 4 \end{pmatrix} \begin{pmatrix} c_1 \\ c_2 \\ c_3 \end{pmatrix} = \begin{pmatrix} 0 \\ 0 \\ 0 \end{pmatrix}$$

である.

$$\begin{pmatrix} 1 & 1 & 1 \\ 0 & 1 & 2 \\ 0 & 1 & 4 \end{pmatrix} \xrightarrow{3\text{行}-2\text{行}} \begin{pmatrix} 1 & 1 & 1 \\ 0 & 1 & 2 \\ 0 & 0 & 2 \end{pmatrix}$$

であるから,係数行列のランクが 3 で正則である.よって,${}^t(c_1, c_2, c_3) = {}^t(0, 0, 0)$ に限る.したがって,$\{1, e^t, e^{2t}\}$ は線形独立である.

X を有限次元の一般のベクトル空間とする.$\dim X = m < \infty$ としよう.X に基底 $\{v_1, v_2, \ldots, v_m\}$ をとる.任意の $x \in X$ は基底の線形結合

$$x_1 v_1 + x_2 v_2 + \cdots + x_m v_m$$

と一意に書けるから,X から $\mathbf{R}^m$ への同型写像

$$\varphi: \quad X \quad \longrightarrow \quad \mathbf{R}^m$$

$$\boldsymbol{x} = x_1\boldsymbol{v}_1 + x_2\boldsymbol{v}_2 + \cdots + x_m\boldsymbol{v}_m \quad \longrightarrow \quad \varphi(\boldsymbol{x}) = \begin{pmatrix} x_1 \\ x_2 \\ \vdots \\ x_m \end{pmatrix} \quad (5.1.3)$$

が生ずる．すなわち，下の定理が成り立つ

定理 5.1.1（有限次元ベクトル空間の構造）

$m\,(<\infty)$ 次元のベクトル空間は $\mathbf{R}^m$ に同型である．

すなわち，有限次元ベクトル空間は次元の値で分類できる．

5.2 一般のベクトルの数ベクトル表示と線形写像の行列表示

F を一般のベクトル空間 X から Y への線形写像とする．X に基底 $\{\boldsymbol{v}_j\}_{j=1}^m$ をとっておく．「数ベクトル」を「ベクトル」と書き直し，$\mathrm{rank}\,A$ を $\dim \mathrm{Im}\, F$ に，行列 A の第 j 列を $F(\boldsymbol{v}_j)$，と読み替えれば，第3章における線形写像にかかわる性質「基本変形による標準形」以外，ほぼそのまま成り立つ．

線形写像と行列にどのような関係があるのだろうか？　また，一般のベクトル空間の間の線形写像において，「基本変形による標準形」は何を意味しているのであろうか？

ベクトル空間 X, Y において $\dim X = m < \infty$, $\dim Y = \ell < \infty$ とする．X に基底 $\{\boldsymbol{v}_1, \boldsymbol{v}_2, \ldots, \boldsymbol{v}_m\}$ を，Y に基底 $\{\boldsymbol{w}_1, \boldsymbol{w}_2, \ldots, \boldsymbol{w}_\ell\}$ をとる．

任意の $\boldsymbol{x} \in X$，任意の $\boldsymbol{y} \in Y$ は

$$x = \sum_{j=1}^{m} x_j \boldsymbol{v}_j = \begin{pmatrix} \boldsymbol{v}_1 & \boldsymbol{v}_2 & \ldots & \boldsymbol{v}_m \end{pmatrix} \begin{pmatrix} x_1 \\ x_2 \\ \vdots \\ x_m \end{pmatrix} \tag{5.2.1}$$

$$y = \sum_{i=1}^{\ell} y_i \boldsymbol{w}_i = \begin{pmatrix} \boldsymbol{w}_1 & \boldsymbol{w}_2 & \ldots & \boldsymbol{w}_\ell \end{pmatrix} \begin{pmatrix} y_1 \\ y_2 \\ \vdots \\ y_\ell \end{pmatrix} \tag{5.2.2}$$

と,一意に書ける.また,ベクトル空間 X から Y への線形写像を F とすると

$$F(\boldsymbol{v}_j) = \sum_{i=1}^{\ell} a_{ij} \boldsymbol{w}_i = \begin{pmatrix} \boldsymbol{w}_1 & \boldsymbol{w}_2 & \ldots & \boldsymbol{w}_\ell \end{pmatrix} \begin{pmatrix} a_{1j} \\ a_{2j} \\ \vdots \\ a_{\ell j} \end{pmatrix} \tag{5.2.3}$$

と一意に書ける.$A = (a_{ij})_{1 \leq i \leq \ell, 1 \leq j \leq m}$ とおくと

$$F(\boldsymbol{x}) = F(\sum_{j=1}^{m} x_j \boldsymbol{v}_j) = \sum_{j=1}^{m} x_j F(\boldsymbol{v}_j) = \begin{pmatrix} F(\boldsymbol{v}_1) & F(\boldsymbol{v}_2) & \ldots & F(\boldsymbol{v}_m) \end{pmatrix} \begin{pmatrix} x_1 \\ x_2 \\ \vdots \\ x_m \end{pmatrix}$$

$$= \begin{pmatrix} \boldsymbol{w}_1 & \boldsymbol{w}_2 & \ldots & \boldsymbol{w}_\ell \end{pmatrix} A \begin{pmatrix} x_1 \\ x_2 \\ \vdots \\ x_m \end{pmatrix} \tag{5.2.4}$$

となる.かくして,X, Y それぞれの空間に基底をとって $\mathbf{R}^m, \mathbf{R}^\ell$ それぞれへの同形写像 φ, ψ を作っておくと,X から Y への線形写像は m 次元数ベクトル空間から ℓ 次元数ベクトル空間への線形写像 $\psi \circ F \circ \varphi^{-1}$ に対応し,命題 3.1.1 により,行列による表現 A をもつ:

$$\boldsymbol{x} = \begin{pmatrix} \boldsymbol{v}_1 & \cdots & \boldsymbol{v}_m \end{pmatrix} \begin{pmatrix} x_1 \\ x_2 \\ \vdots \\ x_m \end{pmatrix} \in X \xrightarrow{F} Y \ni F(\boldsymbol{x}) = \begin{pmatrix} \boldsymbol{w}_1 & \cdots & \boldsymbol{w}_\ell \end{pmatrix} A \begin{pmatrix} x_1 \\ x_2 \\ \vdots \\ x_m \end{pmatrix}$$

$$\varphi \downarrow \qquad\qquad\qquad \psi \downarrow$$

$$\begin{pmatrix} x_1 \\ x_2 \\ \vdots \\ x_m \end{pmatrix} \in \mathbf{R}^m \xrightarrow{f_A} \mathbf{R}^\ell \ni f_A\left(\begin{pmatrix} x_1 \\ x_2 \\ \vdots \\ x_m \end{pmatrix}\right) = A \begin{pmatrix} x_1 \\ x_2 \\ \vdots \\ x_m \end{pmatrix}$$

(5.2.5)

が成り立つ.

定理 5.2.1（線形写像と行列の対応）

X の基底 $\{\boldsymbol{v}_j\}_{j=1}^m$, Y の基底 $\{\boldsymbol{w}_i\}_{i=1}^\ell$ を用いると
X（次元 $m < \infty$）から Y（次元 $\ell < \infty$）への線形写像は
$\ell \times m$ 行列に一意に対応する.

行列 A を，基底 $\{\boldsymbol{v}_j\}$ と $\{\boldsymbol{w}_i\}$ による線形写像 F の
行列表示あるいは表現行列 (matrix representation) という.

線形写像そのものを扱うより，行列表示を考えるほうが扱う手段が多い．たとえば，正方行列には行列式が考えられるが，一般の線形写像に対応する概念を直接定義することは難しい．

■**例 5.2.1** 例 3.1.2 を取り上げよう.

(1) $X = \mathbf{R}_3[t], Y = \mathbf{R}_2[t]$ とする．$\dim X = 4, \dim Y = 3$ である．X に基底 $\{1, t, t^2, t^3\}$, Y に $\{1, t, t^2\}$ をとる．

$$\frac{d}{dt} 1 = 0, \quad \frac{d}{dt} t = 1, \quad \frac{d}{dt} t^2 = 2t, \quad \frac{d}{dt} t^3 = 3t^2$$

となるから，$\dfrac{d}{dt}$ の行列表示は

$$\begin{pmatrix} 0 & 1 & 0 & 0 \\ 0 & 0 & 2 & 0 \\ 0 & 0 & 0 & 3 \end{pmatrix}$$

である．

(2)　$X = \mathbf{R}_2[t], Y = \mathbf{R}_3[t]$ とする．$\dim X = 3, \dim Y = 4$ である．X に基底 $\{1, t, t^2\}$，Y に $\{1, t, t^2, t^3\}$ をとる．

$$\int_a^t 1\,ds = t - a, \quad \int_a^t s\,ds = \frac{1}{2}t^2 - \frac{1}{2}a^2, \quad \int_a^t s^2\,ds = \frac{1}{3}t^3 - \frac{1}{3}a^3$$

であるから，$\displaystyle\int_a^t * ds$ の行列表示は

$$\begin{pmatrix} -a & -(a^2/2) & -(a^3/3) \\ 1 & 0 & 0 \\ 0 & 1/2 & 0 \\ 0 & 0 & 1/3 \end{pmatrix}$$

である．

5.3　基底の取り替えによる行列表示の変化

前の節では X と Y の基底は特別の選択をせずにとったが，基底を取り替えたならば，行列表示はどのように変化するであろうか？　m 次元のベクトル空間 X に 2 つの基底 $\{\boldsymbol{v}_j\}$ と $\{\boldsymbol{v}'_j\}$ を，ℓ 次元のベクトル空間 Y に 2 つの基底 $\{\boldsymbol{w}_i\}$ と $\{\boldsymbol{w}'_i\}$ をとる．任意の $\boldsymbol{x} \in X$ と任意の $\boldsymbol{y} \in Y$ はそれぞれ 2 通りに

$$\boldsymbol{x} = \begin{pmatrix} \boldsymbol{v}_1 & \boldsymbol{v}_2 & \ldots & \boldsymbol{v}_m \end{pmatrix} \begin{pmatrix} x_1 \\ x_2 \\ \vdots \\ x_m \end{pmatrix} = \begin{pmatrix} \boldsymbol{v}'_1 & \boldsymbol{v}'_2 & \ldots & \boldsymbol{v}'_m \end{pmatrix} \begin{pmatrix} x'_1 \\ x'_2 \\ \vdots \\ x'_m \end{pmatrix} \quad (5.3.1)$$

$$y = \begin{pmatrix} w_1 & w_2 & \ldots & w_\ell \end{pmatrix} \begin{pmatrix} y_1 \\ y_2 \\ \vdots \\ y_\ell \end{pmatrix} = \begin{pmatrix} w'_1 & w'_2 & \ldots & w'_\ell \end{pmatrix} \begin{pmatrix} y'_1 \\ y'_2 \\ \vdots \\ y'_\ell \end{pmatrix} \tag{5.3.2}$$

と書ける.

$\{v_j\}$ が基底であることから

$$v'_j = \sum_{h=1}^m n_{hj} v_h = \begin{pmatrix} v_1 & v_2 & \ldots & v_m \end{pmatrix} \begin{pmatrix} n_{1j} \\ n_{2j} \\ \vdots \\ n_{mj} \end{pmatrix} \tag{5.3.3}$$

と書ける. $N = (n_{ij})_{1 \leq i,j \leq m}$ とおくと,

$$\begin{pmatrix} v'_1 & v'_2 & \ldots & v'_m \end{pmatrix} = \begin{pmatrix} v_1 & v_2 & \ldots & v_m \end{pmatrix} N \tag{5.3.4}$$

である.

$\{v'_j\}$ も基底であったから, $\{v_j\}$ と $\{v'_j\}$ の立場を入れ替えて, ある m 次正方行列 N' により

$$\begin{pmatrix} v_1 & v_2 & \ldots & v_m \end{pmatrix} = \begin{pmatrix} v'_1 & v'_2 & \ldots & v'_m \end{pmatrix} N' \tag{5.3.5}$$

も成り立つ. (5.3.5) に (5.3.4) を代入すると

$$\begin{pmatrix} v_1 & v_2 & \ldots & v_m \end{pmatrix} = \begin{pmatrix} v_1 & v_2 & \ldots & v_m \end{pmatrix} NN' \tag{5.3.6}$$

となる. 1つの基底によるベクトルの表示の一意性により $NN' = I_m$ である. 正方行列 N が右逆行列 N' をもつから, 系 3.3.3 (ii) により, 実は N は正則で $N' = N^{-1}$ である. したがって, (5.3.5) は

$$\begin{pmatrix} v_1 & v_2 & \ldots & v_m \end{pmatrix} = \begin{pmatrix} v'_1 & v'_2 & \ldots & v'_m \end{pmatrix} N^{-1} \tag{5.3.7}$$

である.

同様に, Y においても, ある ℓ 次正則行列 M があって,

$$\begin{pmatrix} w'_1 & w'_2 & \ldots & w'_m \end{pmatrix} = \begin{pmatrix} w_1 & w_2 & \ldots & w_m \end{pmatrix} M \tag{5.3.8}$$

$$\begin{pmatrix} w_1 & w_2 & \ldots & w_m \end{pmatrix} = \begin{pmatrix} w'_1 & w'_2 & \ldots & w'_m \end{pmatrix} M^{-1} \tag{5.3.9}$$

が成り立つ.

以上より，

$$\boldsymbol{x} = \begin{pmatrix} \boldsymbol{v}_1 & \ldots & \boldsymbol{v}_m \end{pmatrix} \begin{pmatrix} x_1 \\ x_2 \\ \vdots \\ x_m \end{pmatrix} \in X \xrightarrow{F} Y \ni F(\boldsymbol{x}) = \begin{pmatrix} \boldsymbol{w}_1 & \ldots & \boldsymbol{w}_\ell \end{pmatrix} A \begin{pmatrix} x_1 \\ x_2 \\ \vdots \\ x_m \end{pmatrix}$$

$$\parallel \qquad\qquad\qquad\qquad\qquad \parallel$$

$$\boldsymbol{x} = \begin{pmatrix} \boldsymbol{v'}_1 & \ldots & \boldsymbol{v'}_m \end{pmatrix} \begin{pmatrix} x'_1 \\ x'_2 \\ \vdots \\ x'_m \end{pmatrix} \in X \xrightarrow{F} Y \ni F(\boldsymbol{x}) = \begin{pmatrix} \boldsymbol{w'}_1 & \ldots & \boldsymbol{w'}_\ell \end{pmatrix} A' \begin{pmatrix} x'_1 \\ x'_2 \\ \vdots \\ x'_m \end{pmatrix}$$

において，(5.3.4) により，

$$\begin{pmatrix} \boldsymbol{v}_1 & \ldots & \boldsymbol{v}_m \end{pmatrix} \begin{pmatrix} x_1 \\ x_2 \\ \vdots \\ x_m \end{pmatrix} = \begin{pmatrix} \boldsymbol{v'}_1 & \ldots & \boldsymbol{v'}_m \end{pmatrix} \begin{pmatrix} x'_1 \\ x'_2 \\ \vdots \\ x'_m \end{pmatrix} = \begin{pmatrix} \boldsymbol{v}_1 & \boldsymbol{v}_2 & \ldots & \boldsymbol{v}_m \end{pmatrix} N \begin{pmatrix} x'_1 \\ x'_2 \\ \vdots \\ x'_m \end{pmatrix}$$

が成り立つ．1 つの基底によるベクトルの線形結合表示の一意性により，

$$\begin{pmatrix} x_1 \\ x_2 \\ \vdots \\ x_m \end{pmatrix} = N \begin{pmatrix} x'_1 \\ x'_2 \\ \vdots \\ x'_m \end{pmatrix} \tag{5.3.10}$$

である．

(5.3.9) と (5.3.10) により，

$$\begin{pmatrix} \boldsymbol{w}_1 & \ldots & \boldsymbol{w}_\ell \end{pmatrix} A \begin{pmatrix} x_1 \\ x_2 \\ \vdots \\ x_m \end{pmatrix} = \begin{pmatrix} \boldsymbol{w'}_1 & \boldsymbol{w'}_2 & \ldots & \boldsymbol{w'}_m \end{pmatrix} M^{-1} A N \begin{pmatrix} x'_1 \\ x'_2 \\ \vdots \\ x'_m \end{pmatrix} \tag{5.3.11}$$

が成り立つ．1つの基底による表示の一意性と $^t(x'_1, x'_2, \ldots, x'_m)$ の任意性により

$$A' = M^{-1}AN$$

が成り立つ．このことを定理にまとめておこう．

定理 5.3.1（基底の取り替えの行列表示への影響）

(1) m 次元のベクトル空間 X に 2 つの基底 $\{v_j\}$ と $\{v'_j\}$ を，ℓ 次元のベクトル空間 Y に 2 つの基底 $\{w_i\}$ と $\{w'_i\}$ をとる．$\{v_j\}$ と $\{v'_j\}$，$\{w_i\}$ と $\{w'_i\}$ の間に

$$\begin{pmatrix} v'_1 & v'_2 & \ldots & v'_m \end{pmatrix} = \begin{pmatrix} v_1 & v_2 & \ldots & v_m \end{pmatrix} N$$

$$\begin{pmatrix} w'_1 & w'_2 & \ldots & w'_\ell \end{pmatrix} = \begin{pmatrix} w_1 & w_2 & \ldots & w_\ell \end{pmatrix} M$$

という関係があるとする．このとき，X から Y への線形写像 F の X の基底 $\{v_j\}$ と Y の基底 $\{w_i\}$ による行列表示 A と，X の基底 $\{v'_j\}$ と Y の基底 $\{w'_i\}$ による行列表示 A' の間には

$$\boxed{\text{行と列に関する基本変形}\quad A' = M^{-1}AN} \tag{5.3.12}$$

が成り立つ．

(2) X, Y に適当な基底を選ぶと，行列表示を

$$\boxed{\text{基本変形による標準形}} : \begin{pmatrix} 1 & & & \\ & \ddots & & \\ & & 1 & \\ & & & \end{pmatrix}$$

ととれる．ここに，1 は $\dim \mathrm{Im}\, F$ だけ並ぶ．すなわち，$1 \leq j \leq \dim \mathrm{Im}\, F$ の j について，v'_j が w'_j に写り，$\dim \mathrm{Im}\, F + 1 \leq j \leq m$ の j については v'_j が $\mathbf{0}$ に写るように基底 $\{v'_j\}, \{w'_i\}$ を選ぶことができる．

《証明》 (1) は上の議論による．(2) は，注意 3.3.2 により，上の変換は行および列の基本変形を意味するから定理 3.3.2 そのものである． □

■例 5.3.1 例 5.2.1 における表現行列は基本変形による標準形をしていない．

(1) 写像 $\dfrac{d}{dt}$ において，原像空間 $\mathbf{R}_3[t]$ に基底 $\{t, t^2, t^3, 1\}$，像空間 $\mathbf{R}_2[t]$ に基底 $\{1, 2t, 3t^2\}$ をとると，$\dfrac{d}{dt}$ の行列表示は

$$\begin{pmatrix} 1 & 0 & 0 & 0 \\ 0 & 1 & 0 & 0 \\ 0 & 0 & 1 & 0 \end{pmatrix}$$

となる．

(2) 写像 $\displaystyle\int_a^t *ds$ において，原像空間 $\mathbf{R}_2[t]$ に基底 $\{1, 2(t-a), 3(t-a)^2\}$，像空間 $\mathbf{R}_3[t]$ に基底 $\{t-a, (t-a)^2, (t-a)^3, 1\}$ をとると，$\displaystyle\int_a^t *ds$ の行列表示は

$$\begin{pmatrix} 1 & 0 & 0 \\ 0 & 1 & 0 \\ 0 & 0 & 1 \\ 0 & 0 & 0 \end{pmatrix}$$

となる．

演習問題

5.1 関数空間を実数体上のベクトル空間と見る．下の各集合のベクトルは線形独立か，判定しなさい．（t は関数の独立変数である．）

(1)　$\{t, t^2-1, t^2+1\}$　　　(2)　$\{t, t^2-1, t^2+1, t^2+4t+4\}$

(3)　$\{\sin t, \sin(2t), \sin(t/2)\}$　　(4)　$\{\sin t, t\sin t, t^2\sin t\}$

5.2 $X = \mathbf{R}_2[t], Y = \mathbf{R}_3[t]$ とする．$F : X \to Y$ が下記のように与えられている．
(i)　$\mathrm{Im}\, F$ を求めなさい．
(ii)　$\mathrm{Im}\, F$ に基底を 1 組求めなさい．
(iii)　$\mathrm{Ker}\, F$ を求めなさい．
(iv)　$\mathrm{Ker}\, F$ に基底を 1 組求めなさい．
(v)　X, Y に基底を定め，その基底による F の表現行列を求めなさい．

(1)　$F(f)(t) = \displaystyle\int_0^1 f(t)dt$　　(2)　$F(f)(t) = \dfrac{1}{t}\displaystyle\int_0^t f(s)ds - \dfrac{df}{dt}(t)$

第6章
固有値・固有ベクトルと相似変換による三角化・対角化

6.1 相似変換と対角化

応用上，X から X 自身への線形写像を考えることも多い．この場合，原像空間の基底を定めると自動的に像空間の基底が決まってしまう．すなわち，正方行列 A に対して，(5.3.12) のように N も M も独立に選べるのでなく，$M = N$ であって

$$A' = N^{-1}AN$$

と，N だけの自由度となる．この変換を **相似変換** (similar transformation) という．相似変換により行列をどんな簡単な形に変換できるであろうか？ また，このときの保存量は何であろうか？

この章では，未知数が1つの高次代数方程式の根 (root)（解ともいう）を求める必要があり，たとえ実係数でも複素根を考える必要がある．したがって，

$$\text{この章ではスカラーを複素数体 } \mathbf{C} \text{ にとる.}$$

スカラーを $\mathbf{C}$ にとるならば，「スカラー $\mathbf{C}$」を前提にすべての議論をはじめからやり直さなければならない．しかし，幸いなことに，スカラーについては，(2.2.1) の9つの性質しか使わないから，第2章から第5章までの $\mathbf{R}$ を $\mathbf{C}$ に置き換えればすべての結果がそのまま成り立つ．

6.1.1 固有値と固有ベクトル

A を複素数を成分にもつ ℓ 次正方行列としよう.

> 都合よく, $N^{-1}AN$ が対角行列
> $$D = \mathrm{diag}(\lambda_1, \lambda_2, \ldots, \lambda_\ell) \tag{6.1.1}$$
> になる場合を調べてみよう.

もちろん, 一般に λ_j は複素数である. 相似変換で行列 A を対角行列に変換できるとき, 単に「行列 A は対角化可能 (diagonalizable) である」という.

行列 N を

$$N = (\boldsymbol{n}_1, \boldsymbol{n}_2, \ldots, \boldsymbol{n}_\ell), \quad \boldsymbol{n}_j = \begin{pmatrix} n_{1j} \\ n_{2j} \\ \vdots \\ n_{\ell j} \end{pmatrix} \neq \boldsymbol{0} \quad (1 \leq j \leq \ell). \tag{6.1.2}$$

と列ベクトル表示しておこう. (6.1.1) は

$$AN = ND \tag{6.1.3}$$

と書ける. この左辺に (3.2.7) を, 右辺に (3.2.8) を適用すると, 第 j 列は

$$A\boldsymbol{n}_j = \lambda_j \boldsymbol{n}_j, \qquad \boldsymbol{n}_j \neq \boldsymbol{0} \tag{6.1.4}$$

を意味する. $\boldsymbol{n}_j \neq \boldsymbol{0}$ は N が正則であるために必要である $(1 \leq j \leq \ell)$.

【定義 6.1.1】(固有値と固有ベクトル)

> スカラー λ とベクトル $\boldsymbol{n} \neq \boldsymbol{0}$ があって,
> $$A\boldsymbol{n} = \lambda \boldsymbol{n} \tag{6.1.5}$$
> を満たすとき, λ を行列 A の固有値 (eigenvalue, characteristic value), $\boldsymbol{n}$ を固有値 λ に属する固有ベクトル (eigenvector, characteristic vector)

という.

!注意 6.1.1 固有ベクトル $\boldsymbol{n}$ は, f_A により, 向きが変わらず, 長さが λ 倍になる. すなわち,

6.1 相似変換と対角化　119

固有ベクトルに対する写像は 1 次元直線内の写像である．

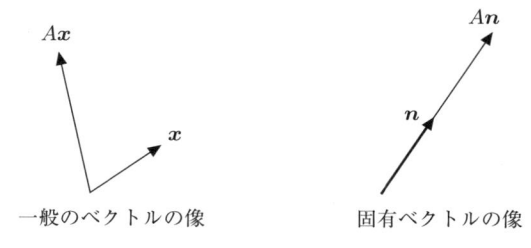

図 6.1 （左：一般のベクトルの像　Ax, x／右：固有ベクトルの像　An, n）

固有値の求め方

固有値 λ，λ に属する固有ベクトル $\boldsymbol{n} \neq \boldsymbol{0}$ が存在するとすると，

$$(\lambda I - A)\boldsymbol{n} = \boldsymbol{0}, \qquad \boldsymbol{n} \neq \boldsymbol{0} \tag{6.1.6}$$

が成り立ち，この連立一次方程式は $\boldsymbol{0}$ 以外の解も含むから，定理 3.2.3 (iii) により $\operatorname{rank}(\lambda I - A) \leq \ell - 1$ である．したがって，定理 4.1.1 (3) により

$$\det(\lambda I - A) = 0 \tag{6.1.7}$$

が成り立つ．

$\det(\lambda I - A)$ は λ の ℓ 次多項式である．この多項式を**行列 A の固有多項式** (eigenpolynomial) あるいは**特性多項式** (characteristic polynomial) という．ℓ 次多項式のゼロ点は，複素数の範囲に，重複度を込めて数えればちょうど ℓ 個存在する（ガウスの定理）．根と係数の関係から「行列 A の固有値の和は $\operatorname{tr} A$，固有値の積は $(-1)^\ell \det A$」である（$\operatorname{tr} A$ は行列 A の**トレース**(trace) で A の対角成分の和）．前者は，固有値を計算したときに正しい値が得られているかどうかのチェックに有効である．

逆に，

$\det(\lambda I - A) = 0$ が成り立っていれば，$\operatorname{rank}(\lambda I - A) \leq \ell - 1$ であるから，
$(\lambda I - A)\boldsymbol{n} = \boldsymbol{0}$ は非自明解をもち，
それが固有値 λ に属する固有ベクトルである．

すなわち，

定理 6.1.1

> $\det(\lambda I - A) = 0$ を満たすことが
> λ が A の固有値であるための必要十分条件である．

代数方程式の根を求めるためには，

> 固有多項式 $\det(\lambda I - A)$ の因数分解が必要である．したがって，
> 固有多項式を与える行列式は**積**の形で計算することが目的に適う．

$\{\lambda_j\}_{j=1}^p$ を A の異なる固有値とすると

$$\det(\lambda I - A) = \prod_{j=1}^{p}(\lambda - \lambda_j)^{m_j} \qquad (\lambda_i \neq \lambda_j \ (i \neq j), \ \sum_{j=1}^{p} m_j = \ell)$$

と書ける．m_j を λ_j の代数的多重度 (algebraic multiplicity) という．

固有ベクトルの求め方 (1)

固有値 λ に属する固有ベクトルを求めるには，

> 斉次連立一次方程式 (6.1.6) を解けばよい．

$\mathrm{rank}(\lambda I - A) \leq \ell - 1$ だから，

> 固有値 λ に対して $(\lambda I - A)\boldsymbol{n} = \boldsymbol{0}$ は必ず非自明解をもつ．

上記の考察から，行列 A が相似変換で対角化できるためには，行列 A の固有ベクトルで線形独立なものが ℓ 個求まればよい．それらを並べて行列 N とすれば，(6.1.5) の関係から (6.1.3) が成り立ち，対角化ができている．固有ベクトルの線形独立性が N の正則性を保証する．

命題 6.1.2（行列の対角化可能の必要十分条件 (1)）

> ℓ 次正方行列 A が（相似変換で）対角化可能
> $\iff$ 行列 A の固有ベクトルで線形独立なものが ℓ 個存在する．

6.1.2 固有多項式の相似変換による不変性

さて，相似変換の不変量は何であろうか？

> **定理 6.1.3（固有多項式の相似変換による不変性）**
>
> 固有多項式，したがって固有値は相似変換に不変である．

《証明》 $|N^{-1}||N| = |N^{-1}N| = |I_\ell| = 1$ であるから，

$$|\lambda I - N^{-1}AN| = |N^{-1}(\lambda I - A)N| = |N^{-1}||\lambda I - A||N| = |\lambda I - A|$$

が成り立つ． □

6.2 分離三角化

一般に正方行列がすべて対角化可能なわけではない．

■例 6.2.1

$$A = \begin{pmatrix} 0 & 1 \\ 0 & 0 \end{pmatrix}$$

この行列は 0 を 2 重の固有値としてもつ．しかし，$A\bm{n} = \bm{0}$ の解は $\bm{n} = s\,{}^t(1, 0)$（s はパラメータ）で，線形独立な固有ベクトルが 1 つしかとれない．よって，命題 6.1.2 により，対角化可能でない．

一般の行列が対角化可能でないとしても，相似変換でどれくらい簡単な行列に変換できるのであろうか？ 下の定理のように分離三角化 (splitting triangularization)[1] できる．

> **定理 6.2.1（分離三角化）** $\{\lambda_j\}_{j=1}^p$ を A の異なる固有値とし，m_j を λ_j の代数的多重度とする $(1 \leq j \leq p)$．ある正則行列 N があって
>
> $$N^{-1}AN = \begin{pmatrix} T_1 & & & O \\ & T_2 & & \\ & & \ddots & \\ O & & & T_p \end{pmatrix} = \mathrm{diag}(T_1, T_2, \ldots, T_p) \left(= \bigoplus_{j=1}^p T_j\right) \quad (6.2.1)$$

---

[1] 「分離三角化」は筆者の命名で，英語共々，国際的普及に努めている．

$$T_j = \begin{pmatrix} \lambda_j & & & * \\ & \lambda_j & & \\ & & \ddots & \\ O & & & \lambda_j \end{pmatrix} : m_j 次正方上半三角行列 \quad (1 \leq j \leq p)$$

と，各固有値が分離され，かつ各ブロックが上半三角化される[2]．

《**証明**》 行列のサイズ ℓ に関する数学的帰納法で証明する．

$\ell = 1$ の場合 (a) において，a が固有値で，その行列自体が対角である．

$\ell = k-1$ の場合に上記の主張が正しいと仮定して，$\ell = k$ の場合を考える．

A の異なる固有値を $\{\lambda_j\}_{j=1}^p$ (λ_j の代数的多重度は m_j) とする．λ_1 に属する固有ベクトルは少なくとも1つ存在するから，1つとって $\bm{n}_1$ とする．定理2.5.1 (iv) により，適当なベクトル $\bm{n}_2, \ldots, \bm{n}_k$ があって $\{\bm{n}_1, \bm{n}_2, \ldots, \bm{n}_k\}$ が $\mathbb{C}^k$ の基底をなす．すなわち $N_1 = (\bm{n}_1, \bm{n}_2, \ldots, \bm{n}_k)$ は正則行列である．$\bm{n}_1$ が λ_1 に属する固有ベクトルであることに注意すると

$$N_1^{-1} A N_1 = \begin{pmatrix} \lambda_1 & \bm{a}' \\ \bm{0} & A' \end{pmatrix}$$

となる．ここに，$\bm{0}$ は $(k-1)$ 次元縦ゼロベクトル，$\bm{a}'$ は $(k-1)$ 次元横ベクトル，A' は $(k-1)$ 次正方行列である．また，定理 6.1.3 と定理 4.1.1 (9) により，

$$\prod_{j=1}^p (\lambda - \lambda_j)^{m_j} = \det(\lambda I_k - A) = \det(\lambda I_k - N_1^{-1} A N_1) = (\lambda - \lambda_1) \det(\lambda I_{k-1} - A')$$

が成り立つから，A' は異なる固有値 $\{\lambda_j\}_{j=1}^p$ (λ_1 の代数的多重度は $(m_1 - 1)$，λ_j のそれは m_j ($2 \leq j \leq p$)) をもつ．

帰納法の仮定により，ある $(k-1)$ 次正方正則行列 N' があり，

---

[2] 「上半」は「下半」にすることもできる．注意 6.2.1 参照．

$$N'^{-1}A'N' = \mathrm{diag}(T_1, T_2, \ldots, T_p), \qquad T_j = \begin{pmatrix} \lambda_j & & & * \\ & \lambda_j & & \\ & & \ddots & \\ O & & & \lambda_j \end{pmatrix}$$

$T_1 : (m_1 - 1)$ 次正方上半三角行列, $T_j : m_j$ 次正方上半三角行列 $(2 \leq j \leq p)$ となる. これより, $N_2 = \begin{pmatrix} 1 & {}^t\boldsymbol{0} \\ \boldsymbol{0} & N' \end{pmatrix}$ とおくと,

$$N_2^{-1}N_1^{-1}AN_1N_2 = \begin{pmatrix} \lambda_1 & \boldsymbol{a}'N' \\ \boldsymbol{0} & \mathrm{diag}(T_1, T_2, \ldots, T_p) \end{pmatrix}$$

となる. $\boldsymbol{a} = \boldsymbol{a}'N' = (\boldsymbol{a}'_1, \boldsymbol{a}_2, \ldots, \boldsymbol{a}_p)$ とする. $\boldsymbol{a}'_1$ は $(m_1 - 1)$ 次元横ベクトル, $\boldsymbol{a}_j$ は m_j 次元横ベクトルである $(2 \leq j \leq p)$ である.

$N_3 = \begin{pmatrix} 1 & \boldsymbol{0}' & \boldsymbol{c}_2 & \cdots & \boldsymbol{c}_p \\ \boldsymbol{0} & & I_{k-1} & & \end{pmatrix}$ とおく. ここに, $\boldsymbol{0}'$ は $(m_1 - 1)$ 次元横ゼロベクトル, $\boldsymbol{c}_j$ は m_j 次元横ベクトルである $(2 \leq j \leq p)$ である. このとき, $N_3^{-1} = \begin{pmatrix} 1 & \boldsymbol{0}' & -\boldsymbol{c}_2 & \cdots & -\boldsymbol{c}_p \\ \boldsymbol{0} & & I_{k-1} & & \end{pmatrix}$ である. よって,

$$N_3^{-1}N_2^{-1}N_1^{-1}AN_1N_2N_3 = \begin{pmatrix} \lambda_1 & \boldsymbol{a}'_1 & \boldsymbol{a}_2 + \lambda_1\boldsymbol{c}_2 - \boldsymbol{c}_2 T_2 & \cdots & \boldsymbol{a}_p + \lambda_1\boldsymbol{c}_p - \boldsymbol{c}_p T_p \\ \boldsymbol{0} & & & \mathrm{diag}(T_1, T_2, \ldots, T_p) & \end{pmatrix}$$

となる. さて, ${}^t\boldsymbol{c}_j$ に関する連立一次方程式

$$\left({}^tT_j - \lambda_1 I_{m_j}\right){}^t\boldsymbol{c}_j = {}^t\boldsymbol{a}_j$$

において, 係数行列 ${}^tT_j - \lambda_1 I_{m_j}$ は下半三角行列で対角成分はすべて $\lambda_j - \lambda_1$ $(2 \leq j \leq p)$ である. 係数行列の行列式が 0 でないので, ただ 1 つの解 ${}^t\boldsymbol{c}_j$ が存在する. その $\boldsymbol{c}_j$ を採用し, $N = N_1N_2N_3$ とおくと, $\ell = k$ の場合も定理の主張が成り立つ.

以上の考察から, 数学的帰納法により定理はすべての自然数 ℓ について成り立つ. □

!注意 6.2.1 $N = (\boldsymbol{n}_1, \boldsymbol{n}_2, \ldots, \boldsymbol{n}_\ell)$ において, 各 j ごとに $\{\boldsymbol{n}_k\}_{1 + \sum_{i=1}^{j-1} m_i \leq k \leq \sum_{i=1}^{j} m_i}$ を k の大きいほうから小さいほうへ並べ替えた行列を N' とすると, $N'^{-1}AN' =$

$\mathrm{diag}(T'_1, T'_2, \ldots, T'_p)$ （T'_j は下半三角行列で対角成分が λ_j $(1 \leq j \leq p)$）となる.

!注意 6.2.2 T_j の対角以外の成分をどのように整理できるかは，もっと立ち入った仮定をしないとわからない．上の定理の利点は，

> 異なる固有値 λ_j の代数的多重度 m_j を知れば（固有多項式からわかる）
> 各々の異なる固有値 λ_j の関わる部分を，
> 対角成分が λ_j の m_j 次正方三角行列に**分離できる**

ことにある．

6.3 固有空間と一般化された固有空間

式 (6.2.1) において，行列 N の $\sum_{j=1}^{k-1} m_j + 1$ 列目は λ_k に属する固有ベクトルであるが $(1 \leq k \leq p)$，その他の列は一般に固有ベクトルになっていない．それらのベクトルには，どんな意味があるのであろうか？

$\{\lambda_j\}_{j=1}^{p}$ を行列 A の相異なる固有値とする．

$$V_j = \{\bm{v} \in \mathbf{C}^\ell : (\lambda_j I_\ell - A)\bm{v} = \bm{0}\} \, (= \ker f_{(\lambda_j I_\ell - A)})$$

を，行列 A の λ_j に属する固有空間 (eigenspace) という．この場合は，V_j が部分空間になるように $\bm{v} = \bm{0}$ も含める．V_j は $\mathbf{C}^\ell$ の部分空間である．

一方，

$$W_j = \{\bm{v} \in \mathbf{C}^\ell : \exists k \in \mathbf{N}, (\lambda_j I_\ell - A)^k \bm{v} = \bm{0}\}$$

を，行列 A の λ_j に属する一般化された固有空間 (generalized eigenspace) という．この場合も $\bm{v} = \bm{0}$ を含める．W_j も $\mathbf{C}^\ell$ の部分空間である．

(6.2.1) の右辺を T と書くことにする．

$$(A - \lambda_j I_\ell)^k = N(T - \lambda_j I_\ell)^k N^{-1} = N\bigl(\bigoplus_{i=1}^{p} (T_i - \lambda_j I_{m_i})^k\bigr) N^{-1} \quad (6.3.1)$$

において，$T - \lambda_j I_\ell$ は p 個のブロックに分離しているから，この行列の巾は各ブロックごとの巾に分離する．$T_i - \lambda_j I_{m_i}$ は $i \neq j$ のとき正則である．一方，$i = j$ のとき $(T_j - \lambda_j I_{m_j})^k$ は対角に平行に右上第 $(k-1)$ の並びまで 0 が進出するから，非対角成分の如何にかかわらず

$$(T_j - \lambda_j I_{m_j})^{m_j} = O \quad (6.3.2)$$

となる．このことを定理にまとめておこう．

定理 6.3.1（固有空間，一般化された固有空間） 縦ベクトルの標準基底 $\{e_i\}$ と 定理 6.2.1 の N を用いる．

(i)（一般化された固有空間）
$$W_j = \{v \in \mathbf{C}^\ell : (\lambda_j I_\ell - A)^{m_j} v = 0\} = \ker f_{(\lambda_j I_\ell - A)^{m_j}} = \ker f_{(\lambda_j I_\ell - A)}^{m_j} \tag{6.3.3}$$

$$= \langle N e_k \rangle_{1+\sum_{i=1}^{j-1} m_i \leq k \leq \sum_{i=1}^{j} m_i} \tag{6.3.4}$$

と書け，$\boxed{\dim W_j = m_j}$ で，さらに

$$W_1 \oplus \cdots \oplus W_p = \mathbf{C}^\ell \tag{6.3.5}$$

である．

(ii)（固有空間）

$$\{V_j\}_{j=1}^p \text{ の和は直和 } V_1 \oplus \cdots \oplus V_p \text{ になる．}$$

さらに，

$$1 \leq \dim V_j \leq m_j \tag{6.3.6}$$

である．

《証明》 (i) (6.3.2) により，(6.3.3) が成り立つ．T の λ_j に属する一般化された固有空間は $\langle e_k \rangle_{1+\sum_{i=1}^{j-1} m_i \leq k \leq \sum_{i=1}^{j} m_i}$ である．W_j はそれに N を掛けて変換したものであり，N が正則であるから，(6.3.4) と $\dim W_j = m_j$ が成り立つ．

T の一般化された固有空間の和は直和で，$\sum_{j=1}^p m_j = \ell$ より $\mathbf{C}^\ell$ に一致する．それを正則行列 N を掛けて変換したものが，A の一般化された固有空間の和（直和を保っている）であるから，(6.3.5) が成り立つ．

(ii) (6.3.6) は $V_j \subset W_j$ より明らかである．直和であることは，(6.3.5) からもわかるが，下の命題 6.3.2 の帰結でもある． □

命題 6.3.2（異なる固有値に属する固有ベクトルの線形独立性） $\{\lambda_j\}_{j=1}^p$ を行列 A の「相異なる固有値」とする．$\{n_{ji}\}_{i=1}^{n_j}$ を固有値 λ_j に属する「線形独立な」固有ベクトルとする．このとき，

$$\bigcup_{j=1}^p \{n_{ji}\}_{i=1}^{n_j} \text{ は線形独立である．}$$

《証明》
$$\sum_{j=1}^p \sum_{i=1}^{n_j} c_{ji} n_{ji} = 0 \tag{6.3.7}$$

となったとする．このとき，c_{ji} のすべてが 0 でなければならないことを p に関する数学的帰納法で示す．

(1) $p=1$ のとき，仮定そのものであるから成り立つ．

(2) $p=r-1$ まで正しいと仮定して $p=r$ の場合を考える $(r \geq 2)$．(6.3.7) に左から A を作用させる：

$$0 = A0 = A\left(\sum_{j=1}^r \sum_{i=1}^{n_j} c_{ji} n_{ji}\right) = \sum_{j=1}^r \sum_{i=1}^{n_j} c_{ji} A n_{ji} = \sum_{j=1}^r \sum_{i=1}^{n_j} c_{ji} \lambda_j n_{ji} \tag{6.3.8}$$

この式から (6.3.7) に λ_r を掛けた式を引くと

$$\sum_{j=1}^{r-1} \sum_{i=1}^{n_j} (\lambda_j - \lambda_r) c_{ji} n_{ji} = 0$$

を得る．帰納法の仮定により $(\lambda_j - \lambda_r) c_{ji} = 0$ である．$\lambda_j \neq \lambda_r$ $(1 \leq j \leq r-1)$ であるから，$c_{ji} = 0$ $(1 \leq j \leq r-1, \ 1 \leq i \leq n_j)$ を得る．この関係を (6.3.7) に代入すると $\sum_{i=1}^{n_r} c_{ri} n_{ri} = 0$ となる．仮定により，$\{n_{ri}\}_{i=1}^{n_r}$ が線形独立だから，$c_{ri} = 0$ $(1 \leq i \leq n_r)$ も成り立つ．すなわち，命題が $p=r$ の場合も成り立つ．

以上により，数学的帰納法により，命題はすべての自然数 p について成り立つ． □

6.4 ハミルトン–ケーリーの定理と最小多項式

A の固有多項式を

$$h_A(\lambda) = \det(\lambda I - A) = \sum_{k=0}^{\ell} c_k \lambda^k = \prod_{j=1}^{p} (\lambda - \lambda_j)^{m_j} \quad (6.4.1)$$

とおく. (6.4.1) を行列版に書き換えよう. Λ を ℓ 次正方行列とする.

$$h_A(\Lambda) = \sum_{k=0}^{\ell} c_k \Lambda^k \quad (6.4.2)$$

と定義する. ここに, $\Lambda^0 = I_\ell$ である.

> **定理 6.4.1 (ハミルトン–ケーリー (Hamilton–Cayley) の定理)**
>
> $$h_A(A) \equiv \sum_{k=0}^{\ell} c_k A^k = \prod_{j=1}^{p} (A - \lambda_j I_\ell)^{m_j} = O_\ell \quad (6.4.3)$$
>
> が成り立つ.

《証明》 $h_A(A) = \det(A - A) = \det O_\ell = 0$ という計算は間違いである. 実際, 最左辺は ℓ 次正方行列であるが, 最右辺はスカラーの 0 である.

(6.4.1) の最後の因数分解は, スカラー同士の積の可換性による. (6.4.2) においても, 登場する行列は Λ の巾ばかりなので積は可換である. したがって, (6.4.3) の最初の等式が成り立つ. そうすると, (6.3.1) により, $\prod_{j=1}^{p}(T - \lambda I_\ell)^{m_j}$ がゼロ行列になることを, **各ブロックごとに**示せばよい. 第 j ブロックについては (6.3.2) により, $(T_j - \lambda_j I_{m_j})^{m_j} = O_{m_j}$ だから, 結局すべてのブロックがゼロ行列になり (6.4.3) の最後の等式が成り立つ. □

すなわち, ℓ 次の多項式で, 行列化して A を代入するとゼロ行列になるものがあることがわかった. しかし, 一般には, もっと次数の低い多項式で, A を代入するとゼロ行列になるものがある. A を代入するとゼロ行列になる最低次の多項式で最高次の係数が 1 のものを行列 A に関する最小多項式 (minimal polynomial) と呼ぶ. 最小多項式を $\varphi_A(\lambda)$ と書こう.

命題 6.4.2（最小多項式） $\{\lambda_j\}_{j=1}^p$ を A の異なる固有値とし，m_j を λ_j の代数的重度とする $(1 \leq j \leq p)$．

(1) A に関する最小多項式はただ 1 つに定まり，

$$\varphi_A(\lambda) = \prod_{j=1}^p (\lambda - \lambda_j)^{\nu_j} \qquad (1 \leq \nu_j \leq m_j, \ 1 \leq j \leq p) \tag{6.4.4}$$

という形をしている．

(2) 固有値多項式は相似変換に不変である．

《証明》 (1) 最小多項式が $\varphi_A(\lambda) = \prod_{k=1}^q (\lambda - \mu_k)^{n_k}$ と因数分解されたとする．この因数分解の積は並べ替え自由であるから，もし，$\{\mu_k\}$ が $\{\lambda_j\}$ 以外の元を含めば，$\mu_1 \notin \{\lambda_j\}$ としてよい．このとき，$\prod_{k=1}^q (A - \mu_k I_\ell)^{n_k}$ において，$\det(A - \mu_1 I_\ell) = \prod_{j=1}^p (\lambda_j - \mu_1)^{m_j} \neq 0$ であるから，$(A - \mu_1 I_\ell)^{n_1}$ は正則行列である．正則行列 $(A - \mu_1 I_\ell)^{n_1}$ は上の積がゼロ行列になることに寄与しないから，$\prod_{k=1}^q (A - \mu_k I_\ell)^{n_k} = O_\ell$ ならば $\prod_{k=2}^q (A - \mu_k I_\ell)^{n_k} = O_\ell$ である．これは φ_A が最小多項式であることに反する．よって，$\varphi_A(\lambda) = 0$ は $\{\lambda_j\}$ 以外の根をもたない．

$\varphi_A(\lambda) = \sum_{i=0}^m c_i \lambda^i$ としよう．λ_j に属する固有ベクトル $\boldsymbol{v}_j$ をとると，

$$\varphi_A(A)\boldsymbol{v}_j = \Big(\sum_{i=0}^m c_i A^i\Big)\boldsymbol{v}_j = \Big(\sum_{i=0}^m c_i \lambda_j{}^i I_\ell\Big)\boldsymbol{v}_j = \varphi_A(\lambda_j)\boldsymbol{v}_j$$

が成り立つ．$\varphi_A(A) = O_\ell$ だから，$\varphi_A(\lambda_j) = 0$ でなければならない．したがって，因数定理により，$\varphi_A(\lambda) = \prod_{j=1}^p (\lambda - \lambda_j)^{\nu_j}$ という形をしていて，$\nu_j \geq 1$ である．定理 6.2.1 により，$\varphi_A(A) = N\varphi_A(T)N^{-1}$ と書けるから，これがゼロ行列になるか否かは $\varphi_A(T)$ を考察すればよい．$\varphi_A(T)$ は各ブロックごとに考えればよいから，ν_j が $(T_j - \lambda_j I_{m_j})^n = O_{m_j}$ となる n の最小値として唯一に定まることがわかる．明らかに $\nu_j \leq m_j$ である $(1 \leq j \leq p)$．

(2) $B = M^{-1}AM$ とする．A と B は固有値，その代数的重度および定理 6.2.1 における T を共有する．(1) の証明における φ_A の決まり方を考慮すると，$\varphi_B(\lambda) = \varphi_A(\lambda)$ が従う． □

以上のことから対角化可能であるための必要十分条件であった命題 6.1.2 がもっと各固有値に即した形で書ける.

定理 6.4.3（行列の対角化可能の必要十分条件 (2)） $\{\lambda_j\}_{j=1}^p$ を A の異なる固有値とし，m_j を λ_j の代数的多重度とする $(1 \leq j \leq p)$.

(1) 行列 A が（相似変換で）対角化可能
$\iff$ (2) 行列 A の固有ベクトルで線形独立なものが ℓ 個存在する.
$\iff$ (3) $V_1 \oplus V_2 \oplus \cdots \oplus V_p = \mathbf{C}^\ell$
$\iff$ (4) 各 λ_j が m_j 個の線形独立な固有ベクトルをもつ.
$\iff$ (5) 各 λ_j について，$\mathrm{rank}(\lambda_j I_\ell - A) = \ell - m_j$ が成り立つ.
$\iff$ (6) A の最小多項式が単根のみをもつ.

《証明》 (1) $\iff$ (2) は命題 6.1.2 である.
(2) $\iff$ (3) 定理 6.3.1 (i) と $V_j \subset W_j$ より (2) ならば (3) でなければならない．(3) ならば (2) は明らか.
(3) $\iff$ (4) 定理 6.3.1 (ii) と $\sum_{j=1}^p \dim V_j = \ell$ により，(3) ならば (4) が成り立たなければならない．(4) ならば，命題 6.3.2 により，(3) が成り立つ.
(4) $\iff$ (5) 注意 3.2.1 による.
(5) $\iff$ (6) 定理 6.2.1，命題 6.4.2 により，最小多項式を行列化して相似変換し，分離三角化された形で考えれば，(5) も (6) も $T_j = \lambda_j I_{m_j}$ を意味する． □

6.5 対角化可能のための十分条件 I（固有根が単根）

定理 6.4.3 の条件は確かめるのに手間がかかる．対角化可能のための**簡単な十分条件**はないであろうか？

定理 6.5.1（対角化可能のための十分条件 (固有根が単根)）

ℓ 次正方行列 A の固有値が ℓ 個とも異なるならば，
A は対角化可能である.

《証明》 各固有値には少なくとも 1 個の固有ベクトルが存在する（実は今の場合，各固有値について，線形独立な固有ベクトルは 1 つしかとれない）．命題 6.3.2 により，異なる固有値に対する固有ベクトルは線形独立だから，異なる固有値が ℓ 個存在するという仮定により，ℓ 個の線形独立な固有ベクトルが存在する．

定理 6.5.1 が適用できる例を挙げよう．

例題 6.5.1（行列の対角化 1） 下の行列 A の固有値問題を考える．

$$A = \begin{pmatrix} 1 & 1 & 2 \\ 1 & 1 & -2 \\ 0 & 3 & -5 \end{pmatrix}$$

(1) A の固有値をすべて求めなさい．
(2) A の各固有値に属する**線形独立な**固有ベクトルを求めなさい．
(3) A は対角化可能か，理由を付して答えなさい．さらに，対角化可能な場合は $N^{-1}AN = D$（D は対角行列）となる N を 1 つ与えて，そのときの D を書きなさい．

[**解答例**] (1) A の固有値をすべて求めなさい．

$$\begin{vmatrix} \lambda-1 & -1 & -2 \\ -1 & \lambda-1 & 2 \\ 0 & -3 & \lambda+5 \end{vmatrix} \overset{1\,行+2\,行\times(\lambda-1)}{=} \begin{vmatrix} 0 & \lambda(\lambda-2) & 2(\lambda-2) \\ -1 & \lambda-1 & 2 \\ 0 & -3 & \lambda+5 \end{vmatrix}$$

$$\overset{1\,列について余因子展開}{=} (-1)^{2+1}\cdot(-1)\cdot \begin{vmatrix} \lambda(\lambda-2) & 2(\lambda-2) \\ -3 & \lambda+5 \end{vmatrix} \overset{1\,行から\lambda-2\,を括り出す}{=} (\lambda-2)\begin{vmatrix} \lambda & 2 \\ -3 & \lambda+5 \end{vmatrix}$$

$$\overset{サラスの公式}{=} (\lambda-2)(\lambda^2+5\lambda+6) = (\lambda-2)(\lambda+2)(\lambda+3)$$

よって固有値は $-3, -2, 2$ である．

> 固有多項式の因数分解が必要. そのためには,
> 上手に余因子展開を使って, 行列式を積で求める計算がベスト.

(2) A の各固有値に属する**線形独立な**固有ベクトルを求めなさい.

-3 の固有ベクトル

$$\begin{pmatrix} -4 & -1 & -2 \\ -1 & -4 & 2 \\ 0 & -3 & 2 \end{pmatrix} \begin{pmatrix} x \\ y \\ z \end{pmatrix} = \begin{pmatrix} 0 \\ 0 \\ 0 \end{pmatrix} \text{ となるノンゼロベクトル } \begin{pmatrix} x \\ y \\ z \end{pmatrix} \text{ を求める.}$$

斉次方程式であるから, 右辺のゼロベクトルを省略する.

$$\begin{pmatrix} -4 & -1 & -2 \\ -1 & -4 & 2 \\ 0 & -3 & 2 \end{pmatrix} \xrightarrow{\text{1行と2行を入れ替える}} \begin{pmatrix} -1 & -4 & 2 \\ -4 & -1 & -2 \\ 0 & -3 & 2 \end{pmatrix} \xrightarrow{\text{2行}-1\text{行}\times 4} \begin{pmatrix} -1 & -4 & 2 \\ 0 & 15 & -10 \\ 0 & -3 & 2 \end{pmatrix} \xrightarrow{\text{2行}\times (1/5)} \begin{pmatrix} -1 & -4 & 2 \\ 0 & 3 & -2 \\ 0 & -3 & 2 \end{pmatrix}$$

3行+2行　　　自明な式を省略　　　　　　　1行+2行
　　　　　　　第2行のピボットを
　　　　　　　(2,3)の-2に取り替える

$$\longrightarrow \begin{pmatrix} -1 & -4 & 2 \\ 0 & 3 & -2 \\ 0 & 0 & 0 \end{pmatrix} \longrightarrow \begin{pmatrix} -1 & -4 & 2 \\ 0 & 3 & -2 \end{pmatrix} \longrightarrow \begin{pmatrix} -1 & -1 & 0 \\ 0 & 3 & -2 \end{pmatrix}$$

1行×(-1)
2行×$(-1/2)$

$$\longrightarrow \begin{pmatrix} 1 & 1 & 0 \\ 0 & -3/2 & 1 \end{pmatrix} \text{ すなわち, } \begin{cases} x + y = 0 \\ -(3/2)y + z = 0 \end{cases} \text{ が成り立つ. } y = t \text{ と}$$

おくと解は $t \begin{pmatrix} -1 \\ 1 \\ 3/2 \end{pmatrix}$ である.

よって, $t = 2$ ととれば固有ベクトルとして $\begin{pmatrix} -2 \\ 2 \\ 3 \end{pmatrix}$ がとれる.

-2 の固有ベクトル

$\begin{pmatrix} -3 & -1 & -2 \\ -1 & -3 & 2 \\ 0 & -3 & 3 \end{pmatrix} \begin{pmatrix} x \\ y \\ z \end{pmatrix} = \begin{pmatrix} 0 \\ 0 \\ 0 \end{pmatrix}$ となるノンゼロベクトル $\begin{pmatrix} x \\ y \\ z \end{pmatrix}$ を求める.

斉次方程式であるから,右辺のゼロベクトルを省略する.

$$\begin{pmatrix} -3 & -1 & -2 \\ -1 & -3 & 2 \\ 0 & -3 & 3 \end{pmatrix} \xrightarrow{1\text{行と}2\text{行を入れ替える}} \begin{pmatrix} -1 & -3 & 2 \\ -3 & -1 & -2 \\ 0 & -3 & 3 \end{pmatrix} \xrightarrow{2\text{行}-1\text{行}\times 3} \begin{pmatrix} -1 & -3 & 2 \\ 0 & 8 & -8 \\ 0 & -3 & 3 \end{pmatrix} \xrightarrow{2\text{行}\times(1/8),\ 3\text{行}\times(1/3)} \begin{pmatrix} -1 & -3 & 2 \\ 0 & 1 & -1 \\ 0 & -1 & 1 \end{pmatrix}$$

$$\xrightarrow{3\text{行}+2\text{行}} \begin{pmatrix} -1 & -3 & 2 \\ 0 & 1 & -1 \\ 0 & 0 & 0 \end{pmatrix} \xrightarrow{\text{自明な式を捨てる}} \begin{pmatrix} -1 & -3 & 2 \\ 0 & 1 & -1 \end{pmatrix} \xrightarrow{1\text{行}+2\text{行}\times 3} \begin{pmatrix} -1 & 0 & -1 \\ 0 & 1 & -1 \end{pmatrix} \xrightarrow{1\text{行}\times(-1)} \begin{pmatrix} 1 & 0 & 1 \\ 0 & 1 & -1 \end{pmatrix}$$

すなわち, $\begin{cases} x\ +z = 0 \\ y-z = 0 \end{cases}$ が成り立つ. $z=t$ とおくと解は $t\begin{pmatrix} -1 \\ 1 \\ 1 \end{pmatrix}$ である.よって,$t=1$ ととれば固有ベクトルとして $\begin{pmatrix} -1 \\ 1 \\ 1 \end{pmatrix}$ がとれる.

2 の固有ベクトル

$\begin{pmatrix} 1 & -1 & -2 \\ -1 & 1 & 2 \\ 0 & -3 & 7 \end{pmatrix} \begin{pmatrix} x \\ y \\ z \end{pmatrix} = \begin{pmatrix} 0 \\ 0 \\ 0 \end{pmatrix}$ となるノンゼロベクトル $\begin{pmatrix} x \\ y \\ z \end{pmatrix}$ を求める.

斉次方程式であるから,右辺のゼロベクトルを省略する.

$$\begin{pmatrix} 1 & -1 & -2 \\ -1 & 1 & 2 \\ 0 & -3 & 7 \end{pmatrix} \xrightarrow{2\text{行}+1\text{行}} \begin{pmatrix} 1 & -1 & -2 \\ 0 & 0 & 0 \\ 0 & -3 & 7 \end{pmatrix} \xrightarrow{\text{自明な式を捨てる}} \begin{pmatrix} 1 & -1 & -2 \\ 0 & -3 & 7 \end{pmatrix} \xrightarrow{3\text{行}\times(-1/3)} \begin{pmatrix} 1 & -1 & -2 \\ 0 & 1 & -7/3 \end{pmatrix}$$

$$\xrightarrow{1\text{行}+2\text{行}} \begin{pmatrix} 1 & 0 & -13/3 \\ 0 & 1 & -7/3 \end{pmatrix}$$

すなわち, $\begin{cases} x - (13/3)z = 0 \\ y - (7/3)z = 0 \end{cases}$ が成り立つ. $z = t$ とおくと解は $t \begin{pmatrix} 13/3 \\ 7/3 \\ 1 \end{pmatrix}$

である. よって, $t = 3$ ととれば固有ベクトルとして $\begin{pmatrix} 13 \\ 7 \\ 3 \end{pmatrix}$ がとれる.

(3) A は対角化可能か, 理由を付して答えなさい. さらに, 対角化可能な場合は $N^{-1}AN = D$ (D は対角行列) となる N を1つ与えて, そのときの D を書きなさい.

固有値がすべて単根だから, 定理 6.5.1 により, 対角化可能である.

$$N = \begin{pmatrix} -2 & -1 & 13 \\ 2 & 1 & 7 \\ 3 & 1 & 3 \end{pmatrix}$$

ととると

$$D = N^{-1}AN = \begin{pmatrix} -3 & 0 & 0 \\ 0 & -2 & 0 \\ 0 & 0 & 2 \end{pmatrix}$$

となる. (N で並べた固有ベクトルの順に対角線上に固有値が並ぶ.)

固有値のすべてが単根ではなくても, 定理 6.4.3 の十分条件が満たされて対角化可能なこともある.

例題 6.5.2 (**行列の対角化 2**) 下の行列 A の固有値問題を考える.

$$A = \begin{pmatrix} 1 & -2 & 2 \\ 1 & -2 & 1 \\ 1 & -1 & 0 \end{pmatrix}$$

(1) A の固有値をすべて求めなさい.

(2) A の各固有値に属する**線形独立な**固有ベクトルを求めなさい．

(3) A は対角化可能か，理由を付して答えなさい．さらに，対角化可能な場合は $N^{-1}AN = D$（D は対角行列）となる N を 1 つ与えて，そのときの D を書きなさい．

[**解答例**] (1) A の固有値をすべて求めなさい．

$$\begin{vmatrix} \lambda-1 & 2 & -2 \\ -1 & \lambda+2 & -1 \\ -1 & 1 & \lambda \end{vmatrix} \overset{\substack{1\,\text{行}+3\,\text{行}\times(\lambda-1) \\ 2\,\text{行}-3\,\text{行}}}{=} \begin{vmatrix} 0 & \lambda+1 & \lambda^2-\lambda-2 \\ 0 & \lambda+1 & -\lambda-1 \\ -1 & 1 & \lambda \end{vmatrix}$$

$$\overset{\substack{1\,\text{列について} \\ \text{余因子展開}}}{=} (-1)\cdot(-1)^{1+3} \begin{vmatrix} \lambda+1 & (\lambda+1)(\lambda-2) \\ \lambda+1 & -(\lambda+1) \end{vmatrix} \overset{\substack{\text{各行から}\lambda+1\,\text{を} \\ \text{括り出す}}}{=} -(\lambda+1)^2 \begin{vmatrix} 1 & \lambda-2 \\ 1 & -1 \end{vmatrix}$$

$$\overset{1\,\text{列}+2\,\text{列}}{=} -(\lambda+1)^2 \begin{vmatrix} \lambda-1 & \lambda-2 \\ 0 & -1 \end{vmatrix} \overset{\text{対角成分の積}}{=} (\lambda+1)^2(\lambda-1)$$

よって，固有値は -1（2 重根）と 1（単根）．

(2) A の各固有値に属する**線形独立な**固有ベクトルを求めなさい．

-1 に属する固有ベクトル

$$\begin{pmatrix} -2 & 2 & -2 \\ -1 & 1 & -1 \\ -1 & 1 & -1 \end{pmatrix} \begin{pmatrix} x \\ y \\ z \end{pmatrix} = \begin{pmatrix} 0 \\ 0 \\ 0 \end{pmatrix} \text{ となるノンゼロベクトル } \begin{pmatrix} x \\ y \\ z \end{pmatrix} \text{ を求める．}$$

右辺 ${}^t(0,0,0)$ を省略する．

$$\begin{pmatrix} -2 & 2 & -2 \\ -1 & 1 & -1 \\ -1 & 1 & -1 \end{pmatrix} \overset{1\,\text{行}\times(-1/2)}{\longrightarrow} \begin{pmatrix} 1 & -1 & 1 \\ -1 & 1 & -1 \\ -1 & 1 & -1 \end{pmatrix} \overset{2,\,3\,\text{行}+1\,\text{行}}{\longrightarrow} \begin{pmatrix} 1 & -1 & 1 \\ 0 & 0 & 0 \\ 0 & 0 & 0 \end{pmatrix} \text{ すなわち } x-y+z=0$$

6.5 対角化可能のための十分条件 I（固有根が単根）

である．ピボットに対応しない y と z にパラメータを導入する．$y = s$, $z = t$ とおく．

$$\begin{pmatrix} x \\ y \\ z \end{pmatrix} = s \begin{pmatrix} 1 \\ 1 \\ 0 \end{pmatrix} + t \begin{pmatrix} -1 \\ 0 \\ 1 \end{pmatrix}$$

である．-1 に属する線形独立な固有ベクトルとして $\begin{pmatrix} 1 \\ 1 \\ 0 \end{pmatrix}$, $\begin{pmatrix} -1 \\ 0 \\ 1 \end{pmatrix}$ がとれる．

1 に属する固有ベクトル

$$\begin{pmatrix} 0 & 2 & -2 \\ -1 & 3 & -1 \\ -1 & 1 & 1 \end{pmatrix} \begin{pmatrix} x \\ y \\ z \end{pmatrix} = \begin{pmatrix} 0 \\ 0 \\ 0 \end{pmatrix}$$ となるノンゼロベクトル $\begin{pmatrix} x \\ y \\ z \end{pmatrix}$ を求める．

右辺 ${}^t(0,0,0)$ を省略する．

$$\begin{pmatrix} 0 & 2 & -2 \\ -1 & 3 & -1 \\ -1 & 1 & 1 \end{pmatrix} \xrightarrow{\substack{\text{1 行と 3 行を} \\ \text{入れ替える}}} \begin{pmatrix} -1 & 1 & 1 \\ -1 & 3 & -1 \\ 0 & 2 & -2 \end{pmatrix} \xrightarrow{\text{2 行}-\text{1 行}} \begin{pmatrix} -1 & 1 & 1 \\ 0 & 2 & -2 \\ 0 & 2 & -2 \end{pmatrix} \xrightarrow{\text{3 行}-\text{2 行}} \begin{pmatrix} -1 & 1 & 1 \\ 0 & 2 & -2 \\ 0 & 0 & 0 \end{pmatrix}$$

$\xrightarrow{\substack{\text{1 行}\times(-1) \\ \text{2 行}\times(1/2) \\ \text{3 行を省略}}} \begin{pmatrix} 1 & -1 & -1 \\ 0 & 1 & -1 \end{pmatrix} \xrightarrow{\text{1 行}+\text{2 行}} \begin{pmatrix} 1 & 0 & -2 \\ 0 & 1 & -1 \end{pmatrix}$

すなわち $\begin{cases} x - 2z = 0 \\ y - z = 0 \end{cases}$ である．ピボットに対応しない z にパラメータを導入する．$z = t$ とおく．

$$\begin{pmatrix} x \\ y \\ z \end{pmatrix} = t \begin{pmatrix} 2 \\ 1 \\ 1 \end{pmatrix}$$

である．1 に属する線形独立な固有ベクトルとして $\begin{pmatrix} 2 \\ 1 \\ 1 \end{pmatrix}$ がとれる．

(3) A は対角化可能か，理由を付して答えなさい．さらに，対角化可能な場合は $N^{-1}AN = D$ （D は対角行列）となる N を 1 つ与えて，そのときの D を書きなさい．

A の線形独立な固有ベクトルが 3 つとれて，定理 6.4.3(2) の条件を満たすから対角化可能である．

$N = \begin{pmatrix} 1 & -1 & 2 \\ 1 & 0 & 1 \\ 0 & 1 & 1 \end{pmatrix}$ ととると，$D = N^{-1}AN = \begin{pmatrix} -1 & 0 & 0 \\ 0 & -1 & 0 \\ 0 & 0 & 1 \end{pmatrix}$ となる．

(N で並べた固有ベクトルの順に対角線上に固有値が並ぶ．)

6.6 対角化可能のための十分条件 II（正規行列）

今まで，距離や角度が定義されていなくても有限次元ベクトル空間の理論は展開可能であることを強調するために，数ベクトル空間に距離も角度も導入してこなかった．（直感的イメージとしては，暗黙のうちに距離も角度も前提にしていた．）しかし，距離や角度があると格段に理論は使いやすくなる（第 7 章参照）．

6.6.1 内積とノルム

$\mathbf{C}^\ell$ のベクトル $\boldsymbol{x} = {}^t(x_1, \ldots, x_\ell)$ と $\boldsymbol{y} = {}^t(y_1, \ldots, y_\ell)$ に対して

$$(\boldsymbol{x}, \boldsymbol{y}) = \boldsymbol{x} \cdot \boldsymbol{y} = x_1 \overline{y_1} + \cdots + x_\ell \overline{y_\ell} \; (= {}^t\boldsymbol{x}\overline{\boldsymbol{y}}) \tag{6.6.1}$$

を「ベクトル $\boldsymbol{x}$ と $\boldsymbol{y}$ の内積 (inner product) という ($\overline{x}$ は x の複素共役)．$\boldsymbol{x} \cdot \boldsymbol{x}$ は非負実数である．このことを利用して，$\|\boldsymbol{x}\| = \sqrt{\boldsymbol{x} \cdot \boldsymbol{x}}$ とおくと，非負実数を得る．これを「ベクトル $\boldsymbol{x}$ のノルム (norm)」という．ノルムはベクトルの"長さ"である．

【定義 6.6.1】

(1) x と y が $x \cdot y = 0$ を満たすとき，「x と y が直交する (intersect orthogonally)」という．

(2) ベクトルの集合 $\{v_1, \ldots, v_k\}$ が

$$v_i \cdot v_j = 0 \quad (i \neq j) \qquad \|v_j\| = 1 \quad (1 \leq j \leq k)$$

を満たすとき，「正規直交系 (orthonormal system)」という．

特に，基底をなす正規直交系を「正規直交基 (orthonormal basis)」という．

線形独立なベクトルの集合ならば，その生成する空間を保って正規直交系に作りかえられる．

命題 6.6.1（シュミットの正規直交化 (Schmidt's orthonormalization)）[3]
ベクトル $v_1, \ldots, v_p$ が線形独立とする．このとき，正規直交系 $u_1, \ldots, u_p$ を

$$\langle v_1, \ldots, v_k \rangle = \langle u_1, \ldots, u_k \rangle \qquad (1 \leq k \leq p)$$

を満たすようにとることができる．

《証明》 (Step 1) 線形独立性から，$v_1 \neq 0$ である．$u_1 = \dfrac{1}{\|v_1\|} v_1$ ととると，v_1 はノルムが 1 で，$\langle v_1 \rangle = \langle u_1 \rangle$ が成り立つ．（ノンゼロベクトルを自分のノルムで割ってノルムが 1 のベクトルにすることを**正規化** (normalization) という．）

(Step 2) まず，$a_{21} = v_2 \cdot u_1$，$v_2' = v_2 - a_{21} u_1$ とおく．$\{v_j\}$ の線形独立性により，$v_2' \neq 0$ である．$u_2 = \dfrac{1}{\|v_2'\|} v_2'$ ととると，$\{u_1, u_2\}$ は正規直交系で，線形結合の原理 (2.4.1) により，$\langle v_1, v_2 \rangle = \langle u_1, u_2 \rangle$ が成り立つ．

(Step k) 命題の主張に沿うように $\{u_j\}_{j=1}^{k-1}$ ができたとして，u_k を作ろう．$a_{ki} = v_k \cdot u_i$，$v_k' = v_k - \sum_{i=1}^{k-1} a_{ki} u_i$ とおく．$\{v_j\}$ の線形独立性により，$v_k' \neq 0$ である．$u_k = \dfrac{1}{\|v_k'\|} v_k'$ ととると，$\{u_1, u_2, \ldots, u_k\}$ は正規直交系で，線形結合の原理 (2.4.1) により，$\langle v_1, v_2, \ldots, v_k \rangle = \langle u_1, u_2, \ldots, u_k \rangle$ が成り立つ．これを Step p まで続ければよい． □

---

[3] 単に，「シュミットの直交化」ともいう．しかし，実体は「正規直交化」である．

6.6.2 正規行列の対角化

【定義 6.6.2】（正規行列，エルミート行列，対称行列，ユニタリ行列，直交行列）
(1) 正方行列 A に対して $A^* = {}^t\overline{A}$ を A の随伴行列 (adjoint matrix)（あるいは共役行列）という．ここに，$\overline{A}$ は 行列 A の各成分の複素共役を成分とする行列である．

(2) 正方行列 A が $AA^* = A^*A$ を満たすとき「正規行列 (normal matrix)」という．

(3) 正方行列 A が
$$A^* = A \tag{6.6.2}$$
を満たすとき，「エルミート行列 (Hermitian matrix)」という．

特に，A が実行列のときは「（実）対称行列 (symmetric matrix)」という．

(4) 正方行列 U が
$$U^* = U^{-1} \tag{6.6.3}$$
を満たすとき，「ユニタリ行列 (unitary matrix)」という．

特に，U が実行列のときは「直交行列 (ortogonal matrix)」という．

!注意 6.6.1 明らかに，エルミート行列やユニタリ行列は正規行列である．

下の定理の証明で使うユニタリ行列の性質をまとめておこう．

命題 6.6.2（ユニタリ行列の性質）
(i) $U = (\boldsymbol{u}_1, \boldsymbol{u}_2, \ldots, \boldsymbol{u}_\ell) = {}^t(\boldsymbol{u}'_1, \boldsymbol{u}'_2, \ldots, \boldsymbol{u}'_\ell)$（$\boldsymbol{u}_j$ は U の 第 j 列ベクトル，$\boldsymbol{u}'_i$ は U の第 i 行ベクトル）と書いておく．
(1) U がユニタリ行列
$\iff$ (2) $\{\boldsymbol{u}_j\}_{j=1}^\ell$ が正規直交系をなす
$\iff$ (3) $\{\boldsymbol{u}'_i\}_{i=1}^\ell$ が正規直交系をなす
$\iff$ (4) U^* がユニタリ行列
$\iff$ (5) ${}^tU$ がユニタリ行列
$\iff$ (6) $\overline{U}$ がユニタリ行列

(ii) ℓ 次正方のユニタリ行列の全体 $U(\ell)$ は積，転置，複素共役，逆に閉じている．

《**証明**》 (i) (1) $\iff$ (2) U を ℓ 次正方行列のユニタリ行列とする．$U^*U = I_\ell$ の複素共役をとって，${}^t U \overline{U} = I_\ell$ が成り立つ．これは，

$$\begin{pmatrix} {}^t\boldsymbol{u}_1 \\ {}^t\boldsymbol{u}_2 \\ \vdots \\ {}^t\boldsymbol{u}_\ell \end{pmatrix} (\overline{\boldsymbol{u}_1}, \overline{\boldsymbol{u}_2}, \ldots, \overline{\boldsymbol{u}_\ell}) = \mathrm{diag}(1, 1, \ldots, 1)$$

であり，成分ごとに書くと

$$\boldsymbol{u}_j \cdot \boldsymbol{u}_k = 0 \quad (j \neq k), \qquad \boldsymbol{u}_j \cdot \boldsymbol{u}_j = 1 \qquad (1 \leq j, k \leq \ell)$$

となる．これは $\{\boldsymbol{u}_j\}_{j=1}^\ell$ が正規直交系であることを示している．

この推論は逆もたどれる．

(1) $\iff$ (3) 上の証明において，U を行ベクトル表示して，$UU^* = I_\ell$ を用いれば同様の証明が成り立つ．

(1) $\iff$ (4) ($\Rightarrow$) $(U^*)^* = U$ である．U が $U^* = U^{-1}$ の逆行列であることにより，$(U^*)^* = (U^*)^{-1}$ である．

($\Leftarrow$) $(U^*)^* = (U^*)^{-1} = (U^{-1})^*$ だから，この共役をとれば $U^* = U^{-1}$ となる．

(1) $\iff$ (5) $U^* = U^{-1}$ の転置をとると，${}^t(\overline{{}^t U}) = ({}^t U)^{-1}$ が成り立つ．さらに転置をとるともとに戻る．

(1) $\iff$ (6) $U^* = U^{-1}$ の複素共役をとると，${}^t(\overline{\overline{U}}) = (\overline{U})^{-1}$ が成り立つ．さらに複素共役をとるともとに戻る．

(ii) 転置，複素共役，逆に閉じていることは (i) からわかる．積について考える．U_1, U_2 を ℓ 次のユニタリ行列とする．

$$(U_1 U_2)^* = U_2^* U_1^* = U_2^{-1} U_1^{-1} = (U_1 U_2)^{-1}$$

が成り立つから，$U_1 U_2$ もユニタリ行列である． □

正規行列が「ユニタリ行列で対角化可能」であることの必要十分条件であることを示そう．

定理 6.6.3（正規行列の対角化可能性）

> 行列 A があるユニタリ行列 U により対角化可能である．
> $\iff$ A が正規行列である．

《証明》 ($\Longrightarrow$) ユニタリ行列 U において $U^{-1} = U^*$ が成り立つから，$U^*AU = D = \mathrm{diag}(\lambda_1, \lambda_2, \ldots, \lambda_\ell)$ と書ければ $A = UDU^*$ が成り立つ．これより，
$$A^* = {}^t(\overline{UD{}^t\overline{U}}) = {}^t\overline{{}^tU}\,{}^t\overline{D}\,{}^t\overline{U} = UD^*U^* \tag{6.6.4}$$
が成り立つ．よって，
$$AA^* = (UDU^*)(UD^*U^*) = U(DD^*)U^* = U\,\mathrm{diag}(|\lambda_1|^2, |\lambda_2|^2, \ldots, |\lambda_\ell|^2)\,U^*$$
$$= U(D^*D)U^* = UD^*U^*UDU^* = A^*A$$
が成り立つ．

($\Longleftarrow$) 行列のサイズ ℓ に関する数学的帰納法で示す．

($\ell = 1$ の場合) すべての 1 次正方行列は対角行列である．よって，$U = (1)$ と取ればよい．$U = (1)$ はユニタリ行列である．

($\ell = m - 1$ まで ($\Longleftarrow$) が成り立つと仮定して，$\ell = m$ の場合を考える) A の固有値を $\{\lambda_j\}_{j=1}^m$ とする．（$\{\lambda_j\}_{j=1}^m$ は同じものが繰り返し出てくることを許す．）λ_1 は少なくとも 1 つ固有ベクトルをもつから，それを正規化したベクトルを u_1 とする．定理 2.5.1 (iv) で得られる基底にシュミットの正規直交化 命題 6.6.1 をほどこすと正規直交基 $\{u_j\}_{j=1}^m$ となる．$U_1 = (u_1, u_2, \ldots, u_m)$ とおこう．命題 6.6.2 (i) により U はユニタリ行列である．$Au = \lambda_1 u$ が成り立つことに注意すると

$$AU_1 = U_1 \begin{pmatrix} \lambda_1 & \boldsymbol{a} \\ \boldsymbol{0} & A' \end{pmatrix} \quad \text{すなわち} \quad U_1^{-1}AU_1 = \begin{pmatrix} \lambda_1 & \boldsymbol{a} \\ \boldsymbol{0} & A' \end{pmatrix}$$

(A' は $(m-1)$ 次正方行列，$\boldsymbol{a}$ は $(m-1)$ 次元横ベクトル)

が成り立つ．$U_1^{-1} = U_1^*$ に注意すると，$U_1^* A U_1$ は

$$(U_1^* A U_1)^* (U_1^* A U_1) = (U_1^* A^* U_1)(U_1^* A U_1) = U_1^* A^* A U_1$$
$$= U_1^* A A^* U_1 = (U_1^* A U_1)(U_1^* A^* U_1)$$

が成り立ち，正規行列である．$\begin{pmatrix} \lambda_1 & \boldsymbol{a} \\ \boldsymbol{0} & A' \end{pmatrix}$ が正規行列であるから

$$\begin{pmatrix} \lambda_1 & \boldsymbol{a} \\ \boldsymbol{0} & A' \end{pmatrix} \begin{pmatrix} \overline{\lambda_1} & {}^t\boldsymbol{0} \\ {}^t\overline{\boldsymbol{a}} & (A')^* \end{pmatrix} = \begin{pmatrix} \overline{\lambda_1} & {}^t\boldsymbol{0} \\ {}^t\overline{\boldsymbol{a}} & (A')^* \end{pmatrix} \begin{pmatrix} \lambda_1 & \boldsymbol{a} \\ \boldsymbol{0} & A' \end{pmatrix}$$

が成り立つ．

$$\text{左辺} = \begin{pmatrix} |\lambda_1|^2 + \|\boldsymbol{a}\|^2 & \boldsymbol{a}(A')^* \\ A'{}^t\overline{\boldsymbol{a}} & A'(A')^* \end{pmatrix}, \quad \text{右辺} = \begin{pmatrix} |\lambda_1|^2 & \overline{\lambda_1}\boldsymbol{a} \\ \lambda_1 {}^t\overline{\boldsymbol{a}} & {}^t\overline{\boldsymbol{a}}\boldsymbol{a} + (A')^* A' \end{pmatrix}$$

であるから，両辺が等しいことにより，$\boldsymbol{a} = \boldsymbol{0}$ と A' が正規行列であることがわかる．$\begin{pmatrix} \lambda_1 & {}^t\boldsymbol{0} \\ \boldsymbol{0} & A' \end{pmatrix}$ はスプリットしているから，A' は固有値 $\{\lambda_j\}_{j=2}^m$ をもつ．したがって，帰納法の仮定により，$(m-1)$ 次のユニタリ行列 U' があり，$(U')^* A' U' = \mathrm{diag}(\lambda_2, \ldots, \lambda_m)$ となる．$U_2 = \begin{pmatrix} 1 & {}^t\boldsymbol{0} \\ \boldsymbol{0} & U' \end{pmatrix}$ とおくと，列ベクトルが正規直交系をなすことから命題 6.6.2 (i) により，U_2 はユニタリ行列である．これより，

$$U_2^* U_1^* A U_1 U_2 = \mathrm{diag}(\lambda_1, \lambda_2, \ldots, \lambda_m)$$

が成り立つ．命題 6.6.2 (ii) により，ユニタリ行列の積はユニタリ行列であるから，$U = U_1 U_2$ とおけば命題の $\ell = m$ の場合を得る．

以上より，数学的帰納法により ($\Longleftarrow$) がすべての自然数 ℓ について成り立つ． □

> 正規行列なら，追加の条件が不要であるから，この定理は使いやすい．
> 特にエルミート行列であることは一目でわかるから，ありがたい．

6.6.3 エルミート行列，ユニタリ行列

エルミート行列やユニタリ行列は明らかに正規行列であるから，定理 6.6.3 により，対角化可能である．エルミート行列あるいはユニタリ行列と限ると，固

有値や固有ベクトルに強い特徴がある．

まず，エルミート行列を考えよう．

> **定理 6.6.4（エルミート行列の固有値・固有ベクトル）** 行列 A をエルミート行列とする．
> (1) A のすべての固有値は実数である．
> (2) A の異なる固有値に属する固有ベクトルは互いに直交する．
> (3)
>> A はユニタリ行列 U により，対角化できる．
>> 特に，A が実対称行列ならば，U は直交行列にとれる．

《証明》 (1) λ を A の固有値，v を λ に属する固有ベクトルとする．

$$\lambda(v, v) = (\lambda v, v) = (Av, v) = (v, Av) = (v, \lambda v) = \overline{\lambda}(v, v)$$

が成り立ち，固有ベクトル v はゼロベクトルでないから，$\lambda = \overline{\lambda}$ が成り立つ．これは λ が実数であることを意味している．

(2) λ_j および λ_k を A の異なる固有値，v_j および v_k を λ_j, λ_k のそれぞれに属する固有ベクトルとする．(1) により，λ_j, λ_k は実数である．

$$\lambda_j(v_j, v_k) = (\lambda_j v_j, v_k) = (Av_j, v_k) = (v_j, Av_k) = (v_j, \lambda_k v_k) = \lambda_k(v_j, v_k)$$

が成り立つ．移項して，$\lambda_j - \lambda_k \neq 0$ で割ると，$(v_j, v_k) = 0$ を得る．

(3) A が正規行列だから，定理 6.6.3 により，A はユニタリ行列により対角化される．固有値が実数だから，A が実対称行列ならば，ガウス–ジョルダンの消去法のプロセスを見ると，$(\lambda_j I_\ell - A)v = \mathbf{0}$ の線形独立な解として実ベクトルがとれる．実行列のユニタリ行列が直交行列である． □

実対称行列を直交行列で対角化する例題を挙げておこう．

例題 6.6.1

$$C = \begin{pmatrix} 1 & -1 & -1 \\ -1 & 1 & -1 \\ -1 & -1 & 1 \end{pmatrix}$$

6.6 対角化可能のための十分条件 II (正規行列)

とする．
(1) 実対称行列 C の固有値を求めなさい．
(2) 行列 C の固有ベクトルで線形独立なものを 3 つ求めなさい．
(3) 行列 C を対角化する**直交行列** U を求めなさい．
(4) $U^{-1}CU$ を書きなさい．
(5) U^{-1} を書きなさい．

[解答例] (1) 実対称行列 C の固有値を求めなさい．

$$\begin{vmatrix} \lambda-1 & 1 & 1 \\ 1 & \lambda-1 & 1 \\ 1 & 1 & \lambda-1 \end{vmatrix} \overset{\substack{1\,行-3\,行\times(\lambda-1)\\ 2\,行-3\,行}}{=} \begin{vmatrix} 0 & -\lambda+2 & -\lambda^2+2\lambda \\ 0 & \lambda-2 & -\lambda+2 \\ 1 & 1 & \lambda-1 \end{vmatrix} \overset{\substack{1\,列に関して余因子展開\\ 1\,行,\,2\,行から\,(\lambda-2)\,を括り出す}}{=} (-1)^{3+1}\cdot 1\cdot(\lambda-2)^2\cdot\begin{vmatrix} -1 & -\lambda \\ 1 & -1 \end{vmatrix}$$

$\overset{サラスの公式}{=} (\lambda-2)^2(\lambda+1)$

よって，固有値は -1（単根）と 2（2 重根）である．

(2) 行列 C の固有ベクトルで線形独立なものを 3 つ求めなさい．

固有値 -1 に属する固有ベクトル

$\begin{pmatrix} -2 & 1 & 1 \\ 1 & -2 & 1 \\ 1 & 1 & -2 \end{pmatrix}\begin{pmatrix} x \\ y \\ z \end{pmatrix} = \begin{pmatrix} 0 \\ 0 \\ 0 \end{pmatrix}$ となるノンゼロベクトル ${}^t(x,y,z)$ を求める．

斉次方程式であるから，右辺の ${}^t(0,0,0)$ を省略する．

$\begin{pmatrix} -2 & 1 & 1 \\ 1 & -2 & 1 \\ 1 & 1 & -2 \end{pmatrix} \overset{1\,行と\,2\,行を入れ替える}{\longrightarrow} \begin{pmatrix} 1 & -2 & 1 \\ -2 & 1 & 1 \\ 1 & 1 & -2 \end{pmatrix} \overset{\substack{2\,行+1\,行\times 2\\ 3\,行-1\,行}}{\longrightarrow} \begin{pmatrix} 1 & -2 & 1 \\ 0 & -3 & 3 \\ 0 & 3 & -3 \end{pmatrix} \overset{\substack{2\,行\times(-1/3)\\ 3\,行\times(1/3)}}{\longrightarrow} \begin{pmatrix} 1 & -2 & 1 \\ 0 & 1 & -1 \\ 0 & 1 & -1 \end{pmatrix}$

$$\xrightarrow{\text{3行}-\text{2行}} \begin{pmatrix} 1 & -2 & 1 \\ 0 & 1 & -1 \\ 0 & 0 & 0 \end{pmatrix} \xrightarrow[\text{1行}+\text{2行}\times 2]{\text{自明な式を捨てる}} \begin{pmatrix} 1 & 0 & -1 \\ 0 & 1 & -1 \end{pmatrix}$$

右辺の $^t(0,0,0)$ を復活させると，上の式は $\begin{cases} x \quad - z = 0 \\ y - z = 0 \end{cases}$ を意味するから，$z = s$ とパラメータを導入すると $\begin{pmatrix} x \\ y \\ z \end{pmatrix} = s \begin{pmatrix} 1 \\ 1 \\ 1 \end{pmatrix}$ となる．たとえば $s = 1$ ととると，-1 に属する線形独立な固有ベクトル $\begin{pmatrix} 1 \\ 1 \\ 1 \end{pmatrix}$ が得られる．

固有値 2 に属する固有ベクトル

$\begin{pmatrix} 1 & 1 & 1 \\ 1 & 1 & 1 \\ 1 & 1 & 1 \end{pmatrix} \begin{pmatrix} x \\ y \\ z \end{pmatrix} = \begin{pmatrix} 0 \\ 0 \\ 0 \end{pmatrix}$ となるノンゼロベクトル $^t(x,y,z)$ を求める．斉次方程式であるから，右辺の $^t(0,0,0)$ を省略する．

$$\begin{pmatrix} 1 & 1 & 1 \\ 1 & 1 & 1 \\ 1 & 1 & 1 \end{pmatrix} \xrightarrow[\text{3行}-\text{1行}]{\text{2行}-\text{1行}} \begin{pmatrix} 1 & 1 & 1 \\ 0 & 0 & 0 \\ 0 & 0 & 0 \end{pmatrix}$$

右辺の $^t(0,0,0)$ を復活させると，上の式は $x+y+z=0$ を意味するから，$y = s$, $z = t$ とパラメータを導入すると $\begin{pmatrix} x \\ y \\ z \end{pmatrix} = \begin{pmatrix} -s-t \\ s \\ t \end{pmatrix} = s \begin{pmatrix} -1 \\ 1 \\ 0 \end{pmatrix} + t \begin{pmatrix} -1 \\ 0 \\ 1 \end{pmatrix}$ となる．たとえば $s = 1$, $t = 0$ と $s = 0$, $t = 1$ ととると，2 に属する線形独

立な固有ベクトル $\begin{pmatrix} -1 \\ 1 \\ 0 \end{pmatrix}$ と $\begin{pmatrix} -1 \\ 0 \\ 1 \end{pmatrix}$ が得られる.

(3) 行列 C を対角化する**直交行列** U を求めなさい.

-1 に属する線形独立な固有ベクトルは1つなので正規化する. $\dfrac{1}{\sqrt{3}} \begin{pmatrix} 1 \\ 1 \\ 1 \end{pmatrix}$ を得る.

2 に属する線形独立な固有ベクトルが2つあるので, 正規直交化しなければならない. まず, $\begin{pmatrix} -1 \\ 1 \\ 0 \end{pmatrix}$ を正規化する. $\dfrac{1}{\sqrt{2}} \begin{pmatrix} -1 \\ 1 \\ 0 \end{pmatrix}$ を得る. 次に, この正規化されたベクトルと $\begin{pmatrix} -1 \\ 0 \\ 1 \end{pmatrix}$ の内積をとると $\begin{pmatrix} -1 \\ 0 \\ 1 \end{pmatrix} \cdot \dfrac{1}{\sqrt{2}} \begin{pmatrix} -1 \\ 1 \\ 0 \end{pmatrix} = \dfrac{1}{\sqrt{2}}$ を得る.

これを用いて $\begin{pmatrix} -1 \\ 0 \\ 1 \end{pmatrix}$ を $\dfrac{1}{\sqrt{2}} \begin{pmatrix} -1 \\ 1 \\ 0 \end{pmatrix}$ と直交するように加工する:

$$\begin{pmatrix} -1 \\ 0 \\ 1 \end{pmatrix} - \dfrac{1}{\sqrt{2}} \cdot \dfrac{1}{\sqrt{2}} \begin{pmatrix} -1 \\ 1 \\ 0 \end{pmatrix} = \dfrac{1}{2} \begin{pmatrix} -1 \\ -1 \\ 2 \end{pmatrix}$$

最後にこのベクトルを正規化して $\dfrac{1}{\sqrt{6}} \begin{pmatrix} -1 \\ -1 \\ 2 \end{pmatrix}$ を得る.

以上より, 直交行列としての対角化行列 U は

$$U = \begin{pmatrix} 1/\sqrt{3} & -1/\sqrt{2} & -1/\sqrt{6} \\ 1/\sqrt{3} & 1/\sqrt{2} & -1/\sqrt{6} \\ 1/\sqrt{3} & 0 & 2/\sqrt{6} \end{pmatrix}$$

ととれる.

(4) $U^{-1}CU$ を求めなさい．

$U^{-1}CU$ は対角行列で T に並べた固有ベクトルの順に対角成分として固有値が現れる：

$$U^{-1}CU = \begin{pmatrix} -1 & 0 & 0 \\ 0 & 2 & 0 \\ 0 & 0 & 2 \end{pmatrix}$$

(5) U^{-1} を求めなさい．

U が直交行列だから $U^{-1} = {}^t U$ である：

$$U^{-1} = \begin{pmatrix} 1/\sqrt{3} & 1/\sqrt{3} & 1/\sqrt{3} \\ -1/\sqrt{2} & 1/\sqrt{2} & 0 \\ -1/\sqrt{6} & -1/\sqrt{6} & 2/\sqrt{6} \end{pmatrix}$$

ユニタリ行列については下の定理が成り立つ．

定理 6.6.5（ユニタリ行列の固有値） 行列 U をユニタリ行列とする．
(1) U のすべての固有値は絶対値が 1 である．
(2) U^* のすべての固有値は U の固有値の複素共役で，固有ベクトルを共有する．
(3) ユニタリ行列は，ユニタリ行列により，対角化できる．

《証明》 (1) λ を U の固有値, v を λ に属する固有ベクトルとする．$Uv = \lambda v$ の両辺に左から U^* を掛けると, $v = \lambda U^* v$ を得る．$v \neq \mathbf{0}$ だから $\lambda \neq 0$ である．これより, $U^* v = \dfrac{1}{\lambda} v$ が成り立つ．すなわち, λ を U の固有値, v を λ に属する固有ベクトルとすると, U^* は $\dfrac{1}{\lambda}$ を固有値にもち, v は U^* の $\dfrac{1}{\lambda}$ に属する固有ベクトルでもある．

このことにより,

$$\lambda(v, v) = (\lambda v, v) = (Uv, v) = (v, U^* v) = (v, \frac{1}{\lambda} v) = \frac{1}{\lambda}(v, v)$$

が成り立ち, $(v, v) \neq 0$ により, $|\lambda| = 1$ を得る．

(2)　(1) の証明中に U^* の固有値が $\frac{1}{\lambda}$ かつ $|\lambda|=1$ で，固有ベクトルを共有することがわかっている．$|\lambda|=1$ だから $\frac{1}{\lambda}=\overline{\lambda}$ である．

(3)　U が正規行列だから，定理 6.6.3 により，U はユニタリ行列により対角化される． □

6.7　ジョルダンの標準形

定理 6.4.3 は，すべての行列が対角化可能ではないことを主張している．実際，例 6.2.1 の簡単な行列でさえ，対角化可能でない．

定理 6.2.1 における T_j を，さらに整理をすることを考えよう．分離しているから，各 T_j ごとに考えればよい．したがって，添え字 j を省略する．T を m 次正方上半三角行列で

$$T = \begin{pmatrix} \lambda & & & \\ & \lambda & & * \\ & & \ddots & \\ O & & & \lambda \end{pmatrix} \tag{6.7.1}$$

とする．$\mathbf{C}^m$ の基底を $\{\boldsymbol{v}_j\}_{1\leq j\leq m}$ とする（標準基底でよい）．

$$\langle (T-\lambda I_m)^{k-1}\boldsymbol{v}_j\rangle_{1\leq j\leq m} \neq \{\boldsymbol{0}\} \text{ かつ } \langle (T-\lambda I_m)^k\boldsymbol{v}_j\rangle_{1\leq j\leq m} = \{\boldsymbol{0}\} \tag{6.7.2}$$

となる k を k_1，$\dim\langle (T-\lambda I_m)^{k_1-1}\boldsymbol{v}_j\rangle_{1\leq j\leq m}$ を n_1 とする．（実は k_1 は最小多項式におけるこの固有値に対応する因子の巾 ν である．）

$\{(T-\lambda I_m)^{k_1-1}\boldsymbol{v}_j\}_{1\leq j\leq m}$ の中から基底をなすように n_1 個のベクトルを取り出す．並べ替えてそれが $\{\boldsymbol{v}_r\}_{1\leq r\leq n_1}$ としてよい．$\boldsymbol{u}_{ir}^{(1)} = (T-\lambda I_m)^i \boldsymbol{v}_r$ ($0\leq i\leq k_1-1, 1\leq r\leq n_1$) とおこう．

補題 6.7.1　$\{\boldsymbol{u}_{ir}^{(1)}\}_{0\leq i\leq k_1-1, 1\leq r\leq n_1}$ は線形独立である．

《証明》
$$\sum_{0\leq i\leq k_1-1,\ 1\leq r\leq n_1} c_{ir}\boldsymbol{u}_{ir}^{(1)} = \boldsymbol{0} \tag{6.7.3}$$

とする．この式に $(T-\lambda I_m)^{k_1-1}$ を掛けると，

$$\sum_{1\leq r\leq n_1} c_{0r}(T-\lambda I_m)^{k_1-1}\boldsymbol{v}_r = \boldsymbol{0}$$

を得る．$\{(T-\lambda I_m)^{k_1-1}\boldsymbol{v}_r\}_{1\leq r\leq n_1}$ の線形独立性により，$c_{0r}=0\ (1\leq r\leq n_1)$ である．このことを考慮して (6.7.3) に $(T-\lambda I_m)^{k_1-2}$ を掛けると，

$$\sum_{1\leq r\leq n_1} c_{1r}(T-\lambda I_m)^{k_1-1}\boldsymbol{v}_r = \boldsymbol{0}$$

を得る．これにより，$c_{1r}=0\ (1\leq r\leq n_1)$ もわかる．これを積み重ねていけば $c_{ir}=0\ (0\leq i\leq k_1-1,\ 1\leq r\leq n_1)$ を得る．したがって，この補題が成り立つことが示された． □

$k_1 n_1 < m$ ならば 定理 2.5.1 (iv) により，$\{\boldsymbol{u}_{ir}^{(1)}\}_{0\leq i\leq k_1-1,\ 1\leq r\leq n_1}$ に 適当に $\{\boldsymbol{w}_j\}_{1\leq j\leq m-k_1 n_1}$ を追加して $\mathbf{C}^m$ の基底を作る．この $\{\boldsymbol{w}_j\}$ について，$\{\boldsymbol{v}_j\}$ に行った作業と同様のことを行う．

$$\langle (T-\lambda I_m)^{k-1}\boldsymbol{w}_j,\ \boldsymbol{u}_{ir}^{(1)}\rangle_{1\leq j\leq m-k_1 n_1,\ k-1\leq i\leq k_1-1,\ 1\leq r\leq n_1}$$
$$\supsetneq \langle \boldsymbol{u}_{ir}^{(1)}\rangle_{k-1\leq i\leq k_1-1,\ 1\leq r\leq n_1}$$

$\langle (T-\lambda I_m)^{k}\boldsymbol{w}_j,\ \boldsymbol{u}_{ir}^{(1)}\rangle_{1\leq j\leq m-k_1 n_1,\ k\leq i\leq k_1-1,\ 1\leq r\leq n_1} = \langle \boldsymbol{u}_{ir}^{(1)}\rangle_{k\leq i\leq k_1-1,\ 1\leq r\leq n_1}$

となる k を k_2 とする．$\{\boldsymbol{u}_{ir}^{(1)}\}$ の取り方から，$k_2 < k_1$ である．

$W = \langle (T-\lambda I_m)^{k_2-1}\boldsymbol{w}_j,\ \boldsymbol{u}_{ir}^{(1)}\rangle_{1\leq j\leq m-k_1 n_1,\ k_2-1\leq i\leq k_1-1,\ 1\leq r\leq n_1}$ とおき，$\dim W - (k_1-k_2+1)n_1$ を n_2 と書く．$\{\boldsymbol{u}_{ij}^{(1)}\}_{k_2-1\leq i\leq k_1-1,\ 1\leq j\leq n_1}$ に加えて $\{(T-\lambda I_m)^{k_2-1}\boldsymbol{w}_j\}_{1\leq j\leq m-k_1 n_1}$ から n_2 個のベクトルをとり W の基底とする．並べ替えてそれが $\{\boldsymbol{w}_r\}_{1\leq r\leq n_2}$ としてよい．

$(T-\lambda I_m)^{k_2}\boldsymbol{w}_r$ は $\{\boldsymbol{u}_{ih}^{(1)}\}_{k_2\leq i\leq k_1-1,\ 1\leq h\leq n_1}$ の線形結合で書ける：

$$(T-\lambda I_m)^{k_2}\boldsymbol{w}_r = \sum_{k_2\leq i\leq k_1-1,\ 1\leq h\leq n_1} a_{rih}\boldsymbol{u}_{ih}^{(1)}$$

$$\boldsymbol{w}_r^{(2)} = \boldsymbol{w}_r - \sum_{0\leq i\leq k_1-k_2-1,\ 1\leq h\leq n_1} a_{r(i+k_2)h}\boldsymbol{u}_{ih}^{(1)} \qquad (1\leq j\leq n_2)$$

とおくと，$(T-\lambda I_m)^{k_2}\boldsymbol{w}_r^{(2)} = \boldsymbol{0}$ となる．$\boldsymbol{u}_{ir}^{(2)} = (T-\lambda I_m)^i \boldsymbol{w}_r^{(2)} (0\leq i\leq k_2-1,\ 1\leq r\leq n_2)$ とおこう．

補題 6.7.2 $\{\boldsymbol{u}_{ir}^{(1)}\}_{0\leq i\leq k_1-1,\, 1\leq r\leq n_1} \cup \{\boldsymbol{u}_{ir}^{(2)}\}_{0\leq i\leq k_2-1,\, 1\leq r\leq n_2}$ は線形独立である.

《証明》
$$\sum_{0\leq i\leq k_h-1,\, 1\leq r\leq n_h\, h=1,2} c_{ir}^{(h)} \boldsymbol{u}_{ir}^{(h)} = \boldsymbol{0} \tag{6.7.4}$$

とする.この式に $(T-\lambda I_m)^{k_2-1}$ を掛けると,

$$\sum_{k_2-1\leq i\leq k_h-1,\, 1\leq r\leq n_h\, h=1,2} c_{(i-k_2+1),r}^{(h)} \boldsymbol{u}_{ir}^{(h)} = \boldsymbol{0}$$

を得る.$\{\boldsymbol{u}_{ir}^{(h)}\}_{k_2-1\leq i\leq k_h-1,\, 1\leq r\leq n_h\, h=1,2}$ が W の基底だから,$c_{ir}^{(1)} = 0$ ($0\leq i\leq k_1-k_2, 1\leq r\leq n_1$) かつ $c_{0r}^{(2)} = 0$ ($1\leq r\leq n_2$) を得る.

このことを考慮して (6.7.4) に $(T-\lambda I_m)^{k_2-2}$ を掛けると,

$$\sum_{1\leq r\leq n_1} c_{(k_1-k_2+1),r}^{(1)} \boldsymbol{u}_{k_2-1,r}^{(1)} + \sum_{1\leq r\leq n_2} c_{1r}^{(2)} \boldsymbol{u}_{k_2-1,r}^{(h)} = \boldsymbol{0}$$

を得る.これにより,$c_{(k_1-k_2+1),r}^{(1)} = 0$ ($1\leq r\leq n_1$), $c_{1r}^{(2)} = 0$ ($1\leq r\leq n_2$) もわかる.これを積み重ねていけば $c_{ir}^{(h)} = 0$ ($0\leq i\leq k_h-1, 1\leq r\leq n_h, h=1,2$) を得る.したがって,この補題が成り立つことが示された. □

この作業を続けていくと,一般化された固有空間 W の基底

$$\{u_{ir}^{(h)}\} \quad (0\leq i\leq k_h-1,\, 1\leq r\leq n_h,\, 1\leq h\leq q,\, \sum_{h=1}^{q} k_h n_h = m)$$

$$(T-\lambda I_m)\boldsymbol{u}_{ir}^{(h)} = \boldsymbol{u}_{(i+1),r}^{(h)} \qquad (\boldsymbol{u}_{k_h r}^{(h)} = \boldsymbol{0}) \tag{6.7.5}$$

を得る.各 $\{\boldsymbol{u}_{ir}^{(h)}\}_{0\leq i\leq k_h-1}$ をこの固有値に属する長さ k_h のジョルダンチェイン (Jordan chain) という.ジョルダンチェインを用いて次の定理が得られる.記号に $\{\lambda_j\}$ の添字 j を復活させる.k_h は k_{jh} に,n_h は n_{jh} に,q は q_j に,$\boldsymbol{u}_{ir}^{(h)}$ は $\boldsymbol{u}_{ir}^{(j)(h)}$ になる.

定理 6.7.3（ジョルダンの標準形） $\{\lambda_j\}_{j=1}^p$ を A の異なる固有値，m_j を λ_j の代数的多重度 $(1 \leq j \leq p)$ とする．ある正則行列 N があって，
$$N^{-1}AN = \bigoplus_{j=1}^{p}\bigoplus_{h=1}^{q_j}\bigoplus_{r=1}^{n_{jh}}(\lambda_j I_{k_{jh}} + J_{k_{jh}}), \tag{6.7.6}$$

$$J_k = \begin{pmatrix} 0 & 1 & & & \\ & 0 & 1 & & \\ & & \ddots & \ddots & \\ & & & 0 & 1 \\ & & & & 0 \end{pmatrix} : k \times k$$

となる．ここに，$\oplus$ は行列が各正方行列に分離していることを表す．

(6.7.6) をジョルダンの標準形 (Jordan normal form) という．また，各 $\lambda_j I_{k_{jh}} + J_{k_{jh}}$ をジョルダンブロック (Jordan block)，あるいはジョルダン細胞と呼ぶ．

《証明》 T_j のジョルダンチェインを
$$\{u_{ir}^{(j)(h)}\}_{0 \leq i \leq k_{jh}-1} \quad (1 \leq r \leq n_{jh}, 1 \leq h \leq q_j; \sum_{h=1}^{q_j} k_{jh} n_{jh} = m_j)$$
とする $(1 \leq j \leq p)$．定理 6.2.1 の変換の後，各ブロックを
$$N_j = \left((u_{k_{jh}-1,r}^{(j)(h)}, u_{k_{jh}-2,r}^{(j)(h)}, \ldots, u_{0,r}^{(j)(h)})_{1 \leq r \leq n_{jh}}\right)_{1 \leq h \leq q_j}$$
によって相似変換すれば，関係式 (6.7.5) により，定理を得る． □

6.8 固有空間への射影と固有ベクトルの求め方再考

連立一次方程式を解いて固有ベクトルを求めるやり方は既に説明した．しかし，連立一次方程式を解かなくても，行列の積を計算するだけで固有ベクトルが求まる．そのやり方を解説しよう．

2.7 節で与えたベクトル空間の直和の定義を振り返ろう．同値であるが少し違う表現にしておく．あわせて射影も定義しておく．

【定義 6.8.1】（ベクトル空間の直和と射影） $\mathbf{R}^\ell$ の部分空間 V と V_j $(1 \leq j \leq p)$ において，

(1)
> 任意の $v \in V$ に対して $v_j \in V_j$ $(1 \leq j \leq p)$ があって
> $v = \sum_{j=1}^{p} v_j$ と一意に書ける

とき V は $\{V_j\}_{1 \leq j \leq p}$ の直和 (direct sum) といい, $V_1 \oplus \cdots \oplus V_p$ あるいは $\bigoplus_{j=1}^{p} V_j$ と書く.

(2) $V = \bigoplus_{j=1}^{p} V_j$ とする. $v = \sum_{j=1}^{p} v_j$ と一意に書けることにより

$$P_j : V \longrightarrow V_j \tag{6.8.1}$$

$$v = \sum_{i=1}^{p} v_j \longrightarrow v_j$$

を V から V_j への射影 (projection) という.

P_j は線形写像である. 射影 P_j の表現行列も P_j と書き, 同一視する. 定義から直ちに下の命題の (1) が得られる.

命題 6.8.1（射影の性質）

(1) $V = \bigoplus_{j=1}^{p} V_j$, P_j を V から V_j への射影とする.

$$P_j^2 = P_j, \quad P_j P_k = 0 \ (j \neq k), \quad P_1 + P_2 + \cdots + P_p = I \quad \text{on } V \tag{6.8.2}$$

が成り立つ.

(2) さらに, V_j を行列 A の固有値 λ_j に属する固有空間とする.

$$A^k = \sum_{j=1}^{p} \lambda_j^{\ k} P_j \quad \text{on } V \quad (k \in \mathbf{N}) \tag{6.8.3}$$

が成り立つ.

《証明》 (1) は射影の定義から明らか.

(2) $v = \sum_{i=1}^{p} v_j \ (v_j \in V_j)$ とする.

$$Av = A(\sum_{i=1}^{p} v_j) = \sum_{i=1}^{p} A v_j = \sum_{i=1}^{p} \lambda_j v_j = \sum_{i=1}^{p} \lambda_j P_j v$$

だから

$$A = \sum_{i=1}^{p} \lambda_j P_j$$

である．よって，(1) の第1式，第2式に注意すると，

$$A^k = \Bigl(\sum_{i=1}^p \lambda_j P_j\Bigr)^k = \sum_{i_1+\cdots+i_p=k} \frac{k!}{i_1!\cdots i_p!}(\lambda_1 P_1)^{i_1}\cdots(\lambda_p P_p)^{i_p} = \sum_{j=1}^p \lambda_j{}^k P_j$$

を得る． □

！注意 6.8.1 $\mathbf{R}^\ell = \bigoplus_{j=1}^p V_j$, P_j を $\mathbf{R}^\ell$ から V_j への射影とすると，$V_j = \mathrm{Im}\, P_j$ は行列 P_j の列ベクトルで生成されるから，その中から $\dim V_j$ 個の線形独立なベクトルを取り出せば V_j の基底が得られる．

一般化された固有ベクトルの求め方

定理 6.2.1, 6.3.1 (1) およびハミルトン–ケーリーの定理 6.4.1（とその証明）により，行列 A の相異なる固有値 $\{\lambda_j\}_{j=1}^p$ に属する一般化された固有空間 W_j への射影を求めることができる．

命題 6.8.1 (2) により，

$$(A - \lambda_j)^{m_j} P_j = 0 \tag{6.8.4}$$

である．正方行列 A の固有多項式 $h_A(\lambda)$ に対して，$\dfrac{1}{h_A(\lambda)}$ を部分分数展開する：

$$\frac{1}{h_A(\lambda)} = \sum_{j=1}^p \frac{h_j(\lambda)}{(\lambda - \lambda_j)^{m_j}} \qquad (\deg h_j < m_j) \tag{6.8.5}$$

これより，

$$\sum_{j=1}^p h_j(\lambda) \prod_{1 \le i \le p, i \ne j}(\lambda - \lambda_i)^{m_i} = 1 \tag{6.8.6}$$

である．

$$q_j(\lambda) = h_j(\lambda) \prod_{1 \le i \le p, i \ne j}(\lambda - \lambda_i)^{m_i} \qquad (1 \le j \le p) \tag{6.8.7}$$

とおくと，(6.8.4) より $i = j$ のとき，$q_j(A)$ は W_i 上 0 である．関係式 (6.8.6) により，

$$\sum_{j=1}^p q_j(A) = I \tag{6.8.8}$$

が成り立つから，$P_j = q_j(A)$ が $\mathbf{R}^\ell$ から W_j への射影を与える．$\mathrm{rank}\, q_j(A) = m_j$ だから，$q_j(A)$ から線形独立な m_j 個のベクトルを取り出せば，それが W_j の基底をなす．

6.8 固有空間への射影と固有ベクトルの求め方再考

行列の積の計算だけで一般化された固有空間への射影と基底が求まる.

!注意 6.8.2 実際には，固有多項式の代わりに最小多項式 $\varphi_A(\lambda) = \prod_{i=1}^{p}(\lambda - \lambda_i)^{\nu_i}$ を用いてまったく同様にして，W_j への射影が求まる．このほうが行列の積の数が少なくて計算が楽である．

ところで，最小多項式の ν_i は単因子論（本書では触れない）により求まる．しかし，そのための計算量は少なくない．固有多項式でいくか，最小多項式を求めるか，悩ましい．

固有ベクトルの求め方 (2)

対角化可能ならば，最小多項式が $\varphi_A(\lambda) = \prod_{j=1}^{p}(\lambda - \lambda_j)$ であるから，固有値の代数的多重度が高い場合は，固有多項式を用いるよりは射影の計算が楽になる．対角化可能の十分条件として，「固有値がすべて単根」は，最小多項式と固有多項式が同じであるからありがたみは薄い．

その点，「行列が正規行列である」特に，「エルミート行列である」は一目でわかり，固有空間 V_j への射影は代数的多重度に関係なく次で与えられる．

$$q_j(A) = \frac{\prod_{1 \leq i \leq p,\, i \neq j}(A - \lambda_i I_\ell)}{\prod_{1 \leq i \leq p,\, i \neq j}(\lambda_j - \lambda_i)} \tag{6.8.9}$$

例題 6.6.1 における固有ベクトルを射影を使って求めてみよう．

例題 6.8.1

$$C = \begin{pmatrix} 1 & -1 & -1 \\ -1 & 1 & -1 \\ -1 & -1 & 1 \end{pmatrix}$$

とする．固有値は -1（単根）と 2（2 重根）である．
行列 C の固有ベクトルで線形独立なものを 3 つ求めなさい．

[解答例] C が実対称行列であるから対角化可能である．

固有値 $\lambda_1 = -1$ に属する固有ベクトル

$$q_1(C) = \frac{1}{-1-2}(C - 2I_3) = \frac{1}{3}\begin{pmatrix} 1 & 1 & 1 \\ 1 & 1 & 1 \\ 1 & 1 & 1 \end{pmatrix}$$

であるから，この行列の列ベクトルはただ 1 つの線形独立なベクトル $\begin{pmatrix} 1 \\ 1 \\ 1 \end{pmatrix}$ を含む．これが -1 に属する固有ベクトルである．

> 固有ベクトルを求めるためには，射影におけるスカラー倍は無視してよい．

固有値 $\lambda_2 = 2$ に属する固有ベクトル

$$q_2(C) = \frac{1}{2-(-1)}\big(C-(-1)I_3\big) = \frac{1}{3}\begin{pmatrix} 2 & -1 & -1 \\ -1 & 2 & -1 \\ -1 & -1 & 2 \end{pmatrix}$$

である．2 つの線形独立なベクトルをとり出すには，一目で第 1 列と第 2 列をとればよいとわかる．（もし，この 2 つが線形従属ならば一方が他方のスカラー倍でなければならないが，そうなっていない．）より簡単なベクトルで置き換えるには，（第 1 列 − 第 2 列）が $\begin{pmatrix} 1 \\ -1 \\ 0 \end{pmatrix}$，（第 1 列 × 2 + 第 2 列）が $\begin{pmatrix} 1 \\ 0 \\ -1 \end{pmatrix}$ となる．

この 2 つが固有値 2 に属する固有空間の基底をなす．

6.9 成分が函数の行列の固有値と固有ベクトル

4.4.2 項において，係数が函数の 1 階常微分方程式系を考えた．もちろん，一般に係数行列の固有値は函数となる．こういう場合には，変数の変動と共に固有空間の構造が変わるので，広く通用する一般論は難しい．そもそも，成分が十分滑らかでも，一般に固有値は滑らかにならない．（多項式の根の，係数に関する連続性により，成分が連続函数ならば根も連続函数にはなる．）

■**例 6.9.1**

$$A(t) = \begin{pmatrix} 0 & 1 \\ t & 0 \end{pmatrix} \tag{6.9.1}$$

は成分が 1 次式であるが，固有値は $\pm\sqrt{t}$ で，原点において，1 階微分可能になっていない．

しかし，あらかじめ「固有値の代数的多重度が一定」とわかっていれば，固

有値は行列の成分と同じ滑らかさをもつ．固有値の表示には，複素解析の知識が有効である．一変数でも多変数でも，証明に差はないので，一変数の場合を命題にまとめておく．

命題 6.9.1（函数を成分とする行列の多重度一定の固有値） $A(t) = \bigl(a_{ij}(t)\bigr)$ において，$a_{ij}(t)$ が k 階連続的微分可能とする．$A(t)$ が相異なる固有値 $\{\lambda_j(t)\}_{j=1}^p$ をもち，$\lambda_j(t)$ の代数的多重度が定数 m_j であると仮定する．

$$m_j = \frac{1}{2\pi i} \int_{C_j} \frac{(d/d\lambda)\det(\lambda - A(t))}{\det(\lambda - A(t))} d\lambda \tag{6.9.2}$$

$$\lambda_j(t) = \frac{1}{2\pi i m_j} \int_{C_j} \frac{\lambda(d/d\lambda)\det(\lambda - A(t))}{\det(\lambda - A(t))} d\lambda \tag{6.9.3}$$

(C_j は $\lambda_j(t)$ を内に，$\{\lambda_i(t)\}_{1 \leq i \leq p, i \neq j}$ を外に分離する単一閉曲線)
$$\tag{6.9.4}$$

と表示され，$\lambda_j(t)$ も k 階連続的微分可能である．

《証明》 $\{\lambda_j(t)\}$ の連続性により，t の変動が小さければ，C_j は固定できる．

$$\frac{(d/d\lambda)\det(\lambda - A(t))}{\det(\lambda - A(t))} = \sum_{j=1}^p \frac{m_j}{\lambda - \lambda_j(t)}$$

により，2つの表示が成り立つ．この積分において，分母が 0 から一定程度離れているから，被積分函数の t に関する滑らかさが，積分結果に伝わる． □

すべての固有値が単根ならば対角化可能で，ジョルダン構造が安定なので，固有ベクトルを（局所的に）求めることができる．連立一次方程式を解いてもよいし，行列の積によって射影を作ることもできるし，複素積分によって射影を構成することもできる．ここでは，余因子を使って固有ベクトルを得る方法を採用しておこう．

命題 6.9.2（関数を成分とする行列の固有値が単根の場合の固有ベクトル）
$A(t) = \bigl(a_{ij}(t)\bigr)$ において，$a_{ij}(t)$ が k 階連続的微分可能とする．$A(t)$ の固有値 $\{\lambda_j(t)\}_{j=1}^{\ell}$ があらゆる t において，単根と仮定する．各 $t_\circ$ の近傍で，各 j に対して $k(j)$ があって，$\lambda_j(t)$ に属する固有ベクトル $\boldsymbol{v}_j(t)$ が
$$\boldsymbol{v}_j(t) = {}^t(\Delta_{k(j)1}(t), \Delta_{k(j)2}(t), \ldots, \Delta_{k(j)\ell}(t)) \tag{6.9.5}$$
$\Delta_{hi}(t)$ は $\lambda_j(t) I_\ell - A(t)$ の (h, i) 余因子
で与えられて，k 階連続的微分可能である．

《証明》 ラプラスの展開定理 4.2.2 により，
$$\bigl(\lambda_j(t) I_\ell - A(t)\bigr)\bigl(\Delta_{hi}(t)\bigr)_{1\leq i\leq\ell\downarrow, 1\leq h\leq\ell\to} = \det\bigl(\lambda_j(t) I_\ell - A(t)\bigr) I_\ell = O_\ell$$
である．$\bigl(\Delta_{hi}(t)\bigr)_{1\leq i\leq\ell\downarrow, 1\leq h\leq\ell\to}$ の列ベクトルは，ゼロベクトルでなければ $\lambda_j(t)$ に属する固有ベクトルである．$\mathrm{rank}\bigl(\lambda_j(t) I_\ell - A(t)\bigr) = \ell - 1$ により，ある余因子はゼロでない．よって，(6.9.5) の右辺の成分にゼロでない余因子が含まれるように $k(j)$ を選べばよい．余因子は，行列の成分の積の和だから，命題 6.9.1 により $\lambda_j(t)$ も k 階連続的微分可能となることにより，$\boldsymbol{v}_j(t)$ も同じだけ滑らかである． □

!注意 6.9.1 上の命題で，一般に，$k(j)$ を大域的に1つにとることはできない．

6.10 1階定数係数線形常微分方程式系の解の構造

4.4 節で行列式の理論を常微分方程式に応用した．4.4.3 項では行列の指数関数を用いて1階定数係数線形常微分方程式系
$$\begin{cases} \dfrac{d\boldsymbol{x}}{dt} = A\boldsymbol{x} + \boldsymbol{f}(t) \\ \boldsymbol{x}(0) = \boldsymbol{b} \end{cases} \tag{6.10.1}$$
の解の公式
$$\boldsymbol{x}(t) = \exp(tA)\boldsymbol{b} + \exp(tA)\int_0^t \exp(-sA)\boldsymbol{f}(s)ds \tag{6.10.2}$$
を与えた．しかし，行列の指数関数を使って解を書き下しただけでは $t \to \pm\infty$ のときの挙動などの解の性質はわからない．解の性質を知ろうと思うと，この章で与えた行列の標準形が有効に働く．行列の指数関数の性質を調べてもわか

るが，ここでは未知函数の変換による考察をしよう．

6.10.1　係数行列が対角化可能の場合の 1 階定数係数線形常微分方程式系の初期値問題の解の構造

$\{\lambda_j\}_{1 \leq j \leq \ell}$ を重複も許した A の固有値としよう．対角化行列 N により $N^{-1}AN = D$, $D = \mathrm{diag}(\lambda_1, \lambda_2, \ldots, \lambda_\ell)$ となる．

$$\boldsymbol{x}(t) = N\boldsymbol{y}(t) \tag{6.10.3}$$

とおく．方程式 (6.10.1) に N^{-1} を掛けて

$$\begin{cases} \dfrac{d\boldsymbol{y}}{dt} = D\boldsymbol{y} + N^{-1}\boldsymbol{f}(t) & (N^{-1}\boldsymbol{f}(t) = {}^t(g_1(t), g_2(t), \ldots, g_\ell(t))) \\ \boldsymbol{y}(0) = N^{-1}\boldsymbol{b}\,(= {}^t(y_1^\circ, y_2^\circ, \ldots, y_\ell^\circ)) \end{cases} \tag{6.10.4}$$

を得る．方程式は各 y_j ごとに分離して

$$\begin{cases} \dfrac{dy_j}{dt} = \lambda_j y_j + g_j(t) \\ y_j(0) = y_j^\circ \end{cases} \quad (1 \leq j \leq \ell) \tag{6.10.5}$$

となる．

> 対角化可能ならば問題を 1 次元化（スカラー化）できる．
> 1 次元問題は多次元問題に比べてはるかに解きやすい．

1 階線形単独常微分方程式ならば解が具体的表示をもつ．

定理 6.10.1　A が対角化可能とする．$\{\lambda_j\}_{1 \leq j \leq \ell}$ を重複も許した A の固有値としよう．正則化行列を N とする．1 階定数係数線形常微分方程式 (6.10.1) の解は

$$y_j(t) = y_j^\circ \exp(\lambda_j t) + \exp(\lambda_j t) \int_0^t \exp(-\lambda_j s) g_j(s) ds \tag{6.10.6}$$

により，$\boldsymbol{x}(t) = N\boldsymbol{y}(t)$ で与えられる．

6.10.2 係数行列が対角化不可能の場合の1階定数係数線形常微分方程式系の初期値問題の解の構造

話を簡単にするために，$f(t) = \mathbf{0}$ の場合を考える．$\{\lambda_j\}_{1 \leq j \leq p}$ を A の相異なる固有値としよう．定理 6.7.3 により，正則行列 N があって $N^{-1}AN = \bigoplus_{j=1}^{p} \bigoplus_{h=1}^{q_j} \bigoplus_{r=1}^{n_{jh}}(\lambda_j I_{k_{jh}} + J_{k_{jh}})$ となる．

$$\boldsymbol{x}(t) = N\boldsymbol{y}(t) \tag{6.10.7}$$

とおく．方程式 (6.10.1) に N^{-1} を掛けて

$$\begin{cases} \dfrac{d\boldsymbol{y}}{dt} = \left(\bigoplus_{j=1}^{p} \bigoplus_{h=1}^{q_j} \bigoplus_{r=1}^{n_{jh}}(\lambda_j I_{k_{jh}} + J_{k_{jh}})\right)\boldsymbol{y} \\ \boldsymbol{y}(0) = N^{-1}\boldsymbol{b} \ (= {}^t(y_1^\circ, y_2^\circ, \ldots, y_\ell^\circ)) \end{cases} \tag{6.10.8}$$

を得る．方程式は各ブロックごとに分離しているから，各ブロックごとに考えればよい．j, h の添え字を省略して書く．

$$\begin{cases} \dfrac{d\boldsymbol{y}}{dt} = (\lambda I_k + J_k)\boldsymbol{y} \\ \boldsymbol{y}(0) = \boldsymbol{y}^\circ = {}^t(y_1^\circ, y_2^\circ, \ldots, y_k^\circ) \end{cases} \tag{6.10.9}$$

となる．すなわち，

$$\begin{cases} \dfrac{dy_k}{dt} = \lambda_j y_k \\ y_k(0) = y_k^\circ \end{cases} \tag{6.10.10}$$

$$\begin{cases} \dfrac{dy_j}{dt} = \lambda_j y_j + y_{j+1}(t) \\ y_j(0) = y_j^\circ \qquad\qquad (1 \leq j \leq k-1) \end{cases} \tag{6.10.11}$$

である．まず，1次元問題である y_k の方程式を解いて解を求める．そうすると，y_{k-1} の式において $y_k(t)$ は既知になるから，この方程式も実は1次元問題を解いて解が求まる．次に，y_{k-2} の方程式において，$y_{k-1}(t)$ はもはや既知であるから，やはり1次元問題を解けばよい．これを繰り返せば，すべての解が求まる．

定理 6.10.2

A のジョルダンの標準形を $N^{-1}AN = \bigoplus_{j=1}^{p} \bigoplus_{h=1}^{q_j} \bigoplus_{r=1}^{n_{jh}} (\lambda_j I_{k_{jh}} + J_{k_{jh}})$ とする．1階定数係数線形常微分方程式 (6.10.1) の $\boldsymbol{f}(t) = \boldsymbol{0}$ の解は $\boldsymbol{x} = N\boldsymbol{y}$ と変換してブロックごとに考えると方程式 (6.10.10), (6.10.11) となる．これを下の成分から解いていくと

$$y_{k_{jh}}(t) = y_{k_{jh}}^{\circ} \exp(\lambda_j t)$$

$$y_{k_{jh}-1}(t) = y_{k_{jh}-1}^{\circ} \exp(\lambda_j t) + y_{k_{jh}}^{\circ} t \exp(\lambda_j t)$$

$$y_{k_{jh}-2}(t) = y_{k_{jh}-2}^{\circ} \exp(\lambda_j t) + y_{k_{jh}-1}^{\circ} t \exp(\lambda_j t) + y_{k_{jh}}^{\circ} \frac{t^2}{2} \exp(\lambda_j t)$$

$$\vdots$$

$$y_1(t) = \sum_{i=1}^{k_{jh}} y_i^{\circ} \frac{t^{i-1}}{(i-1)!} \exp(\lambda_j t) \tag{6.10.12}$$

である．

> ジョルダンの標準形に変換すれば，最終成分については
> 問題を 1 次元化（スカラー化）できる．
> 下の成分から解いていけば，常に解く問題は 1 次元問題である．

!注意 6.10.1 定理 6.2.1 によって，方程式を変換した場合も，ブロックの下の成分から解いていけば，常に 1 次元問題を解くことになる．正確な解の形は非対角成分のあり方に依存するが，解の複雑さは ジョルダンブロックが唯一の場合（(6.10.12) において $k = m_j$ ととったもの）以下である．

演習問題

6.1 下の行列の固有値および固有ベクトルを求めなさい．
また，この行列が対角化可能ならば対角化行列を 1 つ求めなさい．

(1) $\begin{pmatrix} 1 & 2 & 0 \\ 0 & 1 & 2 \\ 1 & 2 & 0 \end{pmatrix}$ (2) $\begin{pmatrix} 1 & 0 & -1 \\ 2 & -1 & 0 \\ -4 & 0 & 1 \end{pmatrix}$

6.2 下の各行列について下の問いに答えなさい．
(1) 固有値を求めなさい．

(2) 固有ベクトルで線形独立なものを 3 つ求めなさい．
(3) 対角化する直交行列 T を求めなさい．（正規化を忘れないように．）
(4) 対角化した後の行列を書きなさい．
(5) T^{-1} を書きなさい．

(i) $A = \begin{pmatrix} 4 & -2 & 1 \\ -2 & 0 & 0 \\ 1 & 0 & 0 \end{pmatrix}$ (ii) $B = \begin{pmatrix} 1 & 1 & 1 \\ 1 & 1 & 1 \\ 1 & 1 & 1 \end{pmatrix}$

6.3 A が ℓ 次正方行列で互いに異なる固有値 $\{\lambda_i\}_{i=1}^{p}$（λ_i の代数的多重度を ℓ_i とする）をもち，B が m 次正方行列で互いに異なる固有値 $\{\mu_j\}_{j=1}^{q}$（μ_j の代数的多重度を m_j とする）をもつとする．

もし，$\{\lambda_i\}_{i=1}^{p} \cap \{\mu_j\}_{j=1}^{q} = \emptyset$ ならば，任意の $\ell \times m$ 行列 C に対して，
$$AX - XB = C$$
はただ 1 つの解 $\ell \times m$ 行列 X をもつ．このことを証明しなさい．

第7章
ユークリッド空間と外積

　この本においては，有限次元ならば内積がなくてもベクトル空間と線形写像の理論は展開できることを強調するために，意図的に内積の導入を遅らせた．しかし，内積があることにより，以下に述べるように幾何的イメージもはっきりし，いろいろと便利である．

　この章ではスカラーを $\mathbf{R}$ にとり，$\mathbf{R}^m$ を考察する．

7.1　内積とノルムから定まるもの

　6.6.1項で内積を導入した．数ベクトル $\boldsymbol{x} = {}^t(x_1, x_2, \ldots, x_m)$, $\boldsymbol{y} = {}^t(y_1, y_2, \ldots, y_m)$ に対して

$$(\boldsymbol{x}, \boldsymbol{y})\, (= \boldsymbol{x} \cdot \boldsymbol{y}) = x_1 y_1 + x_2 y_2 + \cdots + x_m y_m \tag{7.1.1}$$

である．内積を導入すると

$$||\boldsymbol{x}|| = \sqrt{\boldsymbol{x} \cdot \boldsymbol{x}} \tag{7.1.2}$$

により数ベクトル $\boldsymbol{x}$ のノルムが定まり，数ベクトルの長さが定義される．ノルムが定義されると2つの数ベクトルの差のノルムにより2つの数ベクトルの間の距離

$$\mathrm{dist}(\boldsymbol{x}, \boldsymbol{y}) = ||\boldsymbol{x} - \boldsymbol{y}|| \tag{7.1.3}$$

が定義されて，数ベクトル空間が距離空間になる．

　ゼロベクトルでない $\boldsymbol{x}$ と $\boldsymbol{y}$ に対して，$\cos\theta = \dfrac{\boldsymbol{x} \cdot \boldsymbol{y}}{||\boldsymbol{x}||\,||\boldsymbol{y}||}$ により，2つの数ベクトルのなす角度 θ が定義できる．すなわち，

$$\boldsymbol{x}\cdot\boldsymbol{y} = \|\boldsymbol{x}\|\|\boldsymbol{y}\|\cos\theta \tag{7.1.4}$$

の関係が成り立つ．特に

$$\boldsymbol{x} \ \boldsymbol{と} \ \boldsymbol{y} \ \text{が直交} \iff \theta = \frac{\pi}{2} \iff \boldsymbol{x}\cdot\boldsymbol{y} = 0 \tag{7.1.5}$$

が成り立つ．かくして，$\mathbf{R}^m$ は（実）ユークリッド空間 (Euclidian space) となる[1]．

！注意 7.1.1 スカラーが $\mathbf{C}$ ならば，内積は

$$(\boldsymbol{x},\boldsymbol{y})\,(=\boldsymbol{x}\cdot\boldsymbol{y}) = x_1\overline{y_1} + x_2\overline{y_2} + \cdots + x_m\overline{y_m} \tag{7.1.6}$$

で与えられる．ノルムや距離の定義はスカラーが $\mathbf{R}$ のときと形式はまったく同じである．

スカラーが複素数の場合は 2 つの数ベクトルのなす角度は定義できないが，直交は $\boldsymbol{x}\cdot\boldsymbol{y} = 0$ によって定義できる．「直交」の概念があることは極めて有用である．

7.2 直線，超平面，球の表示

7.2.1 直線

直線上の 1 点を表すベクトル $\boldsymbol{x}_\circ$ と直線の向きを表すベクトル $\boldsymbol{a} \neq \boldsymbol{0}$ により，直線 ℓ はパラメータ t により

$$\ell = \{\boldsymbol{x} = \boldsymbol{x}_\circ + t\boldsymbol{a} : t \in \mathbf{R}\} \tag{7.2.1}$$

と書ける．

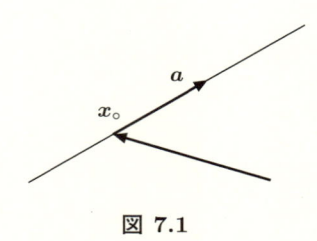

図 7.1

7.2.2 超平面

あるゼロベクトルでない $\boldsymbol{n}$ に直交する $m-1$ 次元部分空間を平行移動した集合を超平面という．その超平面上に $\boldsymbol{x}_\circ$ があるとする．超平面 Σ は法ベクトル $\boldsymbol{n}$ を用いて

---

[1] 厳密な定義ではないが，専門家は看過されたい．

$$\Sigma = \{\boldsymbol{x} : (\boldsymbol{x} - \boldsymbol{x}_\circ, \boldsymbol{n}) = 0\} \tag{7.2.2}$$

で与えられる．

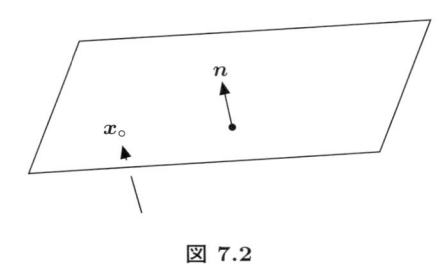

図 7.2

7.2.3 球

定点 $\boldsymbol{x}_\circ$ から一定の距離 $R > 0$ にある点の全体を半径 R の球面という．この球 $S(R; \boldsymbol{x}_\circ)$ は

$$S(R; \boldsymbol{x}_\circ) = \{\boldsymbol{x} : \|\boldsymbol{x} - \boldsymbol{x}_\circ\| = R\} \tag{7.2.3}$$

で与えられる．

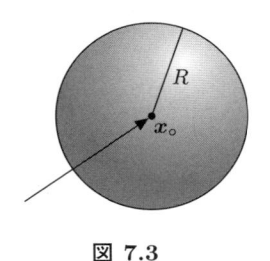

図 7.3

!注意 7.2.1 $\boldsymbol{x}_1 = \boldsymbol{0}$ ならば直線は 1 次元部分空間，超平面は $m - 1$ 次元部分空間をなすが，球は部分空間をなさない．

7.3 外積

一般のベクトル空間には「ベクトル×ベクトル＝ベクトル」となるベクトルの積は定義しない．しかし，特別の次元の場合にはベクトルの積が定義できて有用であることがある．たとえば，複素数 $z = x + iy$ $(x, y \in \mathbf{R})$ を ${}^t(x, y) \in \mathbf{R}^2$ と同一視すると，複素数の積は実 2 次元ベクトル空間のベクトル積を与えていて，極めて有用である．

ここでは $\mathbf{R}^3$ の外積 (exterior product) を紹介する．

【定義 7.3.1】(外積) $\boldsymbol{x} = {}^t(x_1, x_2, x_3), \boldsymbol{y} = {}^t(y_1, y_2, y_3)$ に対して

$$\boldsymbol{x} \times \boldsymbol{y} = \begin{pmatrix} x_2 y_3 - x_3 y_2 \\ x_3 y_1 - x_1 y_3 \\ x_1 y_2 - x_2 y_1 \end{pmatrix} \tag{7.3.1}$$

により外積を定義する．

命題 7.3.1

(1) $$\boldsymbol{y} \times \boldsymbol{x} = -\boldsymbol{x} \times \boldsymbol{y}$$

(2) $\boldsymbol{x} \times \boldsymbol{y}$ は $\boldsymbol{x}, \boldsymbol{y}$ の両方に直交する．

(3) $\boldsymbol{z} = {}^t(z_1, z_2, z_3)$ とする．
$$\det(\boldsymbol{x}, \boldsymbol{y}, \boldsymbol{z}) = (\boldsymbol{x} \times \boldsymbol{y}, \boldsymbol{z}) \tag{7.3.2}$$

(4) $\boldsymbol{x}$ と $\boldsymbol{y}$ のなす角度を θ とする．
$$||\boldsymbol{x} \times \boldsymbol{y}|| = \sqrt{||\boldsymbol{x}||^2 ||\boldsymbol{y}||^2 - (\boldsymbol{x}, \boldsymbol{y})^2} = ||\boldsymbol{x}|| \, ||\boldsymbol{y}|| \sin \theta \tag{7.3.3}$$

が成り立つ．($||\boldsymbol{x}|| \, ||\boldsymbol{y}|| \sin \theta$ は $\boldsymbol{x}$ と $\boldsymbol{y}$ がなす平行四辺形の面積である．)

《証明》 (1) 定義から明らかである．

(2) 直接計算により, $(\boldsymbol{x} \times \boldsymbol{y}, \boldsymbol{x}) = 0, (\boldsymbol{x} \times \boldsymbol{y}, \boldsymbol{y}) = 0$ が確かめられる．

(3) $\det(\boldsymbol{x}, \boldsymbol{y}, \boldsymbol{z})$ を第 3 列に関して余因子展開すると 7.3.2 の右辺となる．

(4) 第 1 の等式

$$\begin{aligned} & ||\boldsymbol{x}||^2 ||\boldsymbol{y}||^2 - (\boldsymbol{x}, \boldsymbol{y})^2 \\ &= (x_1{}^2 + x_2{}^2 + x_3{}^2)^2 (y_1{}^2 + y_2{}^2 + y_3{}^2)^2 - (x_1 y_1 + x_2 y_2 + x_3 y_3)^2 \\ &= (x_2 y_3 - x_3 y_2)^2 + (x_3 y_1 - x_1 y_3)^2 + (x_1 y_2 - x_2 y_1)^2 \\ &= ||\boldsymbol{x} \times \boldsymbol{y}||^2 \end{aligned}$$

第 2 の等式

$$||\boldsymbol{x}||^2 ||\boldsymbol{y}||^2 - (\boldsymbol{x}, \boldsymbol{y})^2 = ||\boldsymbol{x}||^2 ||\boldsymbol{y}||^2 - ||\boldsymbol{x}||^2 ||\boldsymbol{y}||^2 \cos^2 \theta = ||\boldsymbol{x}||^2 ||\boldsymbol{y}||^2 \sin^2 \theta$$

□

!注意 7.3.1 $\boldsymbol{x} \times \boldsymbol{y}$ が $\boldsymbol{x}$ と $\boldsymbol{y}$ に直交し，長さが $\boldsymbol{x}$ と $\boldsymbol{y}$ のなす平行四辺形の面積

であるから，$(x \times y, z)$ は x, y, z のなす平行6面体の体積を与える．第4章で「行列式は平行多面体の（負も許した）体積を想定して定義する」，と述べたが，(7.3.2) により，$\det(x, y, z)$ が x, y, z のなす平行6面体の体積になっていることがわかる．

7.3.1 平面

平面 Σ 内に線形独立な2つのベクトル a と b があり，Σ が1点 $x_\circ$ を通るとき，$n = a \times b$ が法ベクトルになっているから，$\Sigma = \{x : (x - x_\circ, a \times b) = 0\}$ である．

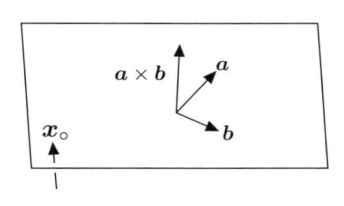

図 7.4

7.3.2 ナブラとグラディエント，ダイバージェンス，ローテイション

以下は独立変数 (x_1, x_2, x_3) の函数の微分を考察する．作用素を成分にもつベクトル $\nabla = {}^t\!\left(\dfrac{\partial}{\partial x_1}, \dfrac{\partial}{\partial x_2}, \dfrac{\partial}{\partial x_3}\right)$ をナブラ (nabla) と呼ぶ．

グラディエント（勾配）

スカラーの函数 $f(x_1, x_2, x_3)$ に対して

$$\operatorname{grad} f = \nabla f = {}^t\!\left(\frac{\partial f}{\partial x_1}, \frac{\partial f}{\partial x_2}, \frac{\partial f}{\partial x_3}\right) \tag{7.3.4}$$

を f のグラディエント (gradient) あるいは **勾配** といい，$\mathbf{0}$ でなければ，曲面 $\Sigma = \{(x_1, x_2, x_3) : f(x_1, x_2, x_3) = c\,(\text{定数})\}$ の法線ベクトルを表す．

$f(x_1, x_2, x_3) = {}^t\!\bigl(f_1(x_1, x_2, x_3), f_2(x_1, x_2, x_3), f_3(x_1, x_2, x_3)\bigr)$ とする．

ダイバージェンス（発散）

$$\operatorname{div} f = \nabla \cdot f = \frac{\partial f_1}{\partial x_1} + \frac{\partial f_2}{\partial x_2} + \frac{\partial f_2}{\partial x_3} \tag{7.3.5}$$

を f のダイバージェンス (divergence) あるいは **発散** という．f が速度場で ρ が密度のとき，体積当たりのわき出しは $\operatorname{div}(\rho f)$ で与えられる．

ローテイション（回転）

$$\operatorname{rot} \boldsymbol{f}(=\operatorname{curl}\boldsymbol{f}) = \nabla \times \boldsymbol{f} = {}^t\!\left(\frac{\partial f_3}{\partial x_2} - \frac{\partial f_2}{\partial x_3},\ \frac{\partial f_1}{\partial x_3} - \frac{\partial f_3}{\partial x_1},\ \frac{\partial f_2}{\partial x_1} - \frac{\partial f_1}{\partial x_2}\right) \quad (7.3.6)$$

を $\boldsymbol{f}$ のローテイション (rotation) あるいは **回転** という．$\boldsymbol{f}$ が速度場のとき，$\operatorname{rot}\boldsymbol{f}$ は渦度を与える．

さらなる理論と今後の発展，および若干の文献

2007年度の「日本理学書総目録」を見ると，線形代数の教科書が，絞り込んでみても190冊載っている．こんなにたくさんあるのだから，よもや筆者が屋上屋のもう1冊を書こうなどとは思ってもいなかった．従来は友人達の書いた山原英男・吉松屋四郎 [14]（絶版），浅倉史興・高橋敏雄・吉松屋四郎 [1]，薩摩順吉・四ツ谷晶二 [9] などを教科書に使っていた．しかし，教科書を適当に選んでおいて，講義は教科書に縛られずに自由に展開する，という方式が通用しなくなった．教科書と講義と，2つの異なる視点からの見方を学んで，立体的に理解することが今日の学生には困難になってきた．原因については，いろいろ考えられるが，とにかく現象としてはそうなってきた．講義に密接に結びついた教科書でないと，学生が読めなくなったのである．筆者の講義用の教科書を書かざるを得なくなった理由である．

以下，筆者が今までに読んだ，あるいは，眺めた本の中から，この教科書で触れられなかった内容に関する本を参考までに挙げておく．もとより，極めて膨大な関係図書の中のほんの一部しかカバーしていないことはいうまでもない．

本書では，紙数の関係で線形代数学がどんな場面で役に立っているのか，応用例をほとんど示せなかった．線形代数学がどんな場面で使われるか，を広く収録したものに 新井仁之 [2]，長谷川浩司 [12] がある．

この教科書では，なるべく内容を絞り込むことに心がけて概念の意味を丁寧に説明し，あわせて計算の仕方を丁寧に解説した．概念の意味する所を深く考

えた本として志賀浩二 [10] がある.

本書は,線形代数学の豊穣な実りのほんの一部を紹介したにすぎない.さらに深い内容については,「行列と行列式」のタイトルの旧版で筆者も学んだ佐武一郎 [8] や,伊理正夫 [3] を挙げておく.後者は応用についても詳しい.固有ベクトルを簡単に求めるために射影をうまく使うことを教えてくれたのは,笠原晧司の一連の教科書 [4], [5], [6] である.この3書は微分方程式論を専門にするものにとっては実にしっくりくる.単因子論については,杉浦光夫 [11] を見られたい.洋書には力作が多いが,F. R. Gantmacher[20] が有名である.筆者はR. A. Horn and C. R. Johnson[21] を好んで使っている.

整然とした線形代数学を「使う立場」でさらに発展させたものとして 草場公邦 [7],加藤敏夫 [15],G. ストラング [17] などがある.

線形代数学を無限次元に発展させた理論がヒルベルト空間論である.位相の基礎から含めてコルモゴロフ・フォーミン [16] に解説がある.残念ながら品切れ中である.また,V. I. スミルノフ [18] も好著である.このシリーズの全12巻は解析学に必要な基礎を網羅している.単に広くカバーしているのではなく,証明も解説もツボを押さえていて,理論にも実践にも他書の追随を許さない所がある.ロシアン・パワーの偉大さに畏敬の念を禁じ得ない.

実際に使う立場からは,可換環をスカラーとする線形代数学を必要とすることが多い.函数の空間をスカラーにとると,解析函数ならば整域で,整域であれば商体が存在する.1変数解析函数の場合は,商体上の線形代数学を注意深く用いることでおおむね用が足りる.商体の元が「確定極」しかもたない,すなわち,商体の元 $a(t)$ が $t=t_0$ に特異点をもてば,$1/a(t)$ はその点の近傍で正則となるからである.他方,2変数以上になると,「不確定極」たとえば x/t が生じて,商体上の線形代数の適用だけでは応用に答えられない.独自の理論が望まれる.

一方,可換性が崩れた非可換体上においては,可換体上の線形代数に匹敵する理論は難しい.それなりの行列式の理論がデュドネによって創られている.E. Artin[19] に詳しい.筆者 [23], [24], [26] は,偏微分方程式系の理論に応用するためにジョルダンの標準形理論に対応する理論を求めて,「擬ジョルダン標準形の理論」を創ったが,まだ完璧ではない.

変数係数微分作用素をスカラーにとると,非可換環である.解析函数を係数

にもつ微分作用素の場合，整域でオルの条件を満たしているので商体が存在する．この場合，デュドネによる行列理論を適用した行列理論として，本質的主要部を取り出す行列式理論が佐藤幹夫・柏原正樹 [22] によって展開されている．彼らは斉次多項式として主要部をとらえたが，方向に応じた重みを付けた非斉次多項式を主要部と見ることもできる．放物型やシュレディンガー型に適用するために，筆者 [25], [26] は佐藤・柏原の理論を，非斉次多項式を主要部にとる行列式理論に拡張した．

非可換環上の線形代数についての代数的取り組みについては，堀田良之 [13] を見られたい．

本書を書くにあたって，共立出版㈱赤城圭氏・小山透氏に大いに迷惑を掛けた．本書を書くことに踏み出した第一歩は赤城氏とのひょんな出会いに始まる．そのことについては，別途書く機会もあるであろう．時間の割り振りの評価がまるでできない筆者をして，原稿完成に至らしめたのは，小山氏の叱咤激励と人格による．共に感謝に堪えない．

参考文献

[和書]

- [1] 浅倉 史興，高橋 敏雄，吉松屋 四郎，基礎コース 線形代数，学術図書出版社，2003
- [2] 新井 仁之，線形代数 基礎と応用，日本評論社，2006
- [3] 伊理 正夫，一般線形代数，岩波書店，2003
- [4] 笠原 晧司，線形代数学（サイエンス ライブラリー 数学 25），サイエンス社，1982
- [5] 笠原 晧司，微分方程式の基礎（数理科学ライブラリー 5），朝倉書店，1982
- [6] 笠原 晧司，線型代数と固有値問題 — スペクトル分解を中心に —，現代数学社，1972，改訂増補 2005
- [7] 草場 公邦，行列特論，裳華房，1979
- [8] 佐武 一郎，線型代数学（数学選書 1），裳華房，1958，増補改題 1974
- [9] 薩摩 順吉，四ツ谷 晶二，キーポイント 線形代数（理工系数学のキーポイント 2），岩波書店，1992
- [10] 志賀 浩二，線形性 有限次元から無限次元へ（数学が育っていく物語 第 4 週），岩波書店，1994

[11] 杉浦 光夫，Jordan 標準形と単因子論 I, II（岩波講座 基礎数学 線形代数 ii），岩波書店，1976–77

[12] 長谷川 浩司，線型代数，日本評論社，2004

[13] 堀田 良之，加群十話 代数学入門（すうがくぶっくす 3），朝倉書店，1998

[14] 山原 英男，吉松屋 四郎，（松本 和夫 監修）線形代数，学術図書出版社，1994

[訳書]

[15] 加藤 敏夫（訳：丸山 徹），行列の摂動，シュプリンガー・フェアラーク東京，1999

[16] コルモゴロフ，フォーミン（訳：山崎三郎，柴岡泰光），函数解析の基礎 原書第 4 版 下，岩波書店，1979

[17] G. ストラング（訳：井上昭，監訳：山口昌哉），線形代数とその応用，産業図書，1978

[18] V. I. スミルノフ（訳： 代表 福原満州雄），高等数学教程 12 巻（V 巻第 2 分冊），共立出版，1962

[洋書]

[19] E. Artin, Geometric Algebra, Chapter IV, Interscience Publishers, 1957

[20] F. R. Gantmacher, The Theory of Matrices, vol. 1 and 2, Chelsea Publishing Company, 1959

[21] R. A. Horn and C. R. Johnson, Topics in Matrix Analysis, Cambridge Univ. Press, 1991

[論文]

[22][1] 佐藤 幹夫, 柏原 正樹, The determinant of matrices of pseudo-differential operators, *Proc. Japan Acad.*, **51**, Ser. A17–19, 1975

[23] 松本 和一郎, Normal form of systems of partial differential and pseudo-differential operators in formal symbol classes, *Jour. Math. Kyoto Univ.*, **34**, 15–40, 1994

[24] 松本 和一郎, Direct proof of the perfect block diagonalization of systems of pseudo-differential operators in the ultradifferentiable classes, *Jour. Math. Kyoto Univ.*, **40**, 541–566, 2000

---

[1] 論文中の Example には間違いがある．行列の成分を並べ直すと正しくなる．どう並べ直したらよいか，各自考えられたい．

[25] 松本 和一郎, The regularity of the principal symbols of systems of pseudo-differential and partial differential operators as p-evolution, *Jour. Math. Kyoto Univ.*, **45**, 129–144, 2005

[26][2] 松本 和一郎, The Cauchy problem for systems — through the normal form of systems and the theory of the weighted determinant —, Séminaire E. D. P. Ecole Polytechnique, Éxposé XVIII, 1998–99

---

[2] 論文にはタイプミスが多い．ご希望の方は松本までご連絡いただければ，改訂版をお送りします．

演習問題解答例

第1章

1.1 (1) $\begin{cases} x=3 \\ y=1 \\ z=2 \end{cases}$ (2) 解なし (3) $\begin{cases} x=-\dfrac{9}{5}t+7 \\ y=-\dfrac{2}{5}t+1 \\ z=t \end{cases}$ (t はパラメータ)

(4) $\begin{cases} x=2s+\dfrac{1}{3}t \\ y=s \\ z=-\dfrac{5}{3}t \\ w=t \end{cases}$ (s,t はパラメータ)

1.2

$$\begin{pmatrix} 1 & 4 & a & 3 \\ 1 & 0 & a^2 & a \\ 0 & 2 & a^2 & a+1 \end{pmatrix} \xrightarrow{\text{1行と1行を入れ替える}} \begin{pmatrix} 1 & 0 & a^2 & a \\ 1 & 4 & a & 3 \\ 0 & 2 & a^2 & a+1 \end{pmatrix} \xrightarrow{\text{2行}-1\text{行}} \begin{pmatrix} 1 & 0 & a^2 & a \\ 0 & 4 & a-a^2 & 3-a \\ 0 & 2 & a^2 & a+1 \end{pmatrix}$$

$$\xrightarrow{\text{2行と3行を入れ替える}} \begin{pmatrix} 1 & 0 & a^2 & a \\ 0 & 2 & a^2 & a+1 \\ 0 & 4 & a-a^2 & 3-a \end{pmatrix} \xrightarrow{\text{3行}-2\text{行}\times 2} \begin{pmatrix} 1 & 0 & a^2 & a \\ 0 & 2 & a^2 & a+1 \\ 0 & 0 & a(1-3a) & 1-3a \end{pmatrix}$$

Case 1. $a=0$ の場合

$$\longrightarrow \begin{pmatrix} 1 & 0 & 0 & 0 \\ 0 & 2 & 0 & 1 \\ 0 & 0 & 0 & 1 \end{pmatrix} \quad \text{であるから，解なし.}$$

Case 2. $a=1/3$ の場合

$$\longrightarrow \begin{pmatrix} 1 & 0 & 1/9 & 1/3 \\ 0 & 2 & 1/9 & 4/3 \\ 0 & 0 & 0 & 0 \end{pmatrix} \xrightarrow{2\,\text{行}\times(1/2)} \begin{pmatrix} 1 & 0 & 1/9 & 1/3 \\ 0 & 1 & 1/18 & 2/3 \end{pmatrix}$$

よって，$z=t$ とおくと，

$$x=-\frac{1}{9}t+\frac{1}{3},\ y=-\frac{1}{18}t+\frac{2}{3},\ z=t.\quad (t\text{ はパラメータ})$$

Case 3. $a\neq 0, 1/3$ の場合

$$\xrightarrow{3\,\text{行}\times\{a(1-3a)\}^{-1}} \begin{pmatrix} 1 & 0 & a^2 & a \\ 0 & 2 & a^2 & a+1 \\ 0 & 0 & 1 & 1/a \end{pmatrix} \xrightarrow[2\,\text{行}-3\,\text{行}\times a^2]{1\,\text{行}-3\,\text{行}\times a^2} \begin{pmatrix} 1 & 0 & 0 & 0 \\ 0 & 2 & 0 & 1 \\ 0 & 0 & 1 & 1/a \end{pmatrix} \xrightarrow{2\,\text{行}\times(1/2)} \begin{pmatrix} 1 & 0 & 0 & 0 \\ 0 & 1 & 0 & 1/2 \\ 0 & 0 & 1 & 1/a \end{pmatrix}$$

よって，$x=0,\ y=\dfrac{1}{2},\ z=\dfrac{1}{a}$.

第 2 章

2.1 (1) $\begin{pmatrix} -3 \\ 3 \\ -3 \end{pmatrix}$ (2) $\begin{pmatrix} 10 \\ 10 \\ 10 \end{pmatrix}$

2.2 線形独立 (1), (2), (3)　　線形従属 (4)

🖉 ゼロベクトルでない 1 つのベクトルは線形独立．
🖉 ゼロベクトルを含む場合，線形従属である．

2.3 🖉 数式による判定は，例題 2.4.3 の解答のように計算したものが，適当にパラメータを取り替えることによってその空間のもとのパターンにできるか？ で判定する．結果としては，ベクトルの表示において適当にパラメータを取り替えると，ベクトルの表示がパラメータの斉次一次式（定数項を含まない一次式）になる場合が部分空間になる．

部分空間になる　(1), (3), (4)

(4) においては, $t' = t+1$, $u' = u+1$ とおくと ${}^t(s, t+1, t+u+2) = {}^t(s, t', t'+u')$ と s, t', u' の斉次一次式に書ける.

部分空間にならない　(2)

第 2 成分が a の斉次一次式だから, a を取り替える可能性は $a' = ca$ (c は定数) しかなく, 第 1 成分や第 3 成分を斉次一次式に変えることができない.

2.4　例題 2.4.4 の解答のように, 生成するベクトルの線形結合が $\mathbf{R}^3$ の任意のベクトルを表すことができるかどうかを判定する. 結果として, $\mathbf{R}^3$ は 3 次元だから, 少なくとも 3 つのベクトルが必要である. 3 つ以上のベクトルがあっても, 線形独立なものを 3 個 (4 個以上は不可能) 含まなければやはり $\mathbf{R}^3$ には一致しない. 3 個の線形独立なベクトルが含まれていると, それらが $\mathbf{R}^3$ の基底をなし, それらの線形結合で $\mathbf{R}^3$ のすべてのベクトルが表現できる.

$\mathbf{R}^3$ に一致する　(2)　　　　　**一致しない**　(1)

2.5　2 つのベクトルに加えて基底となる第 3 のベクトルを ${}^t(x, y, z)$ とすると, x, y, z が満たさなければならない関係式は

(1) $x - 2y + z \neq 0$　　　　(2) $2x + y \neq 0$

第 3 章

3.1

(1)　$\mathrm{Im}\, f = \left\langle \begin{pmatrix} 1 \\ 1 \\ 3 \end{pmatrix}, \begin{pmatrix} -1 \\ 0 \\ 3 \end{pmatrix}, \begin{pmatrix} 1 \\ 2 \\ 9 \end{pmatrix} \right\rangle,$　　$\mathrm{Ker}\, f = \left\langle \begin{pmatrix} -2 \\ -1 \\ 1 \end{pmatrix} \right\rangle$

$\mathrm{Im}\, f$ の基底：　$\left\{ \begin{pmatrix} 1 \\ 1 \\ 3 \end{pmatrix}, \begin{pmatrix} 0 \\ 1 \\ 6 \end{pmatrix} \right\},$　　$\mathrm{Ker}\, f$ の基底：　$\left\{ \begin{pmatrix} -2 \\ -1 \\ 1 \end{pmatrix} \right\}$

$\mathrm{Im}\, f$ の次元：　2,　　$\mathrm{Ker}\, f$ の次元：　1

(2)　$\mathrm{Im}\, f = \left\langle \begin{pmatrix} 1 \\ -1 \\ 3 \end{pmatrix}, \begin{pmatrix} 0 \\ 1 \\ -2 \end{pmatrix}, \begin{pmatrix} 2 \\ -3 \\ 9 \end{pmatrix} \right\rangle = \mathbf{R}^3,$　　$\mathrm{Ker}\, f = \{\mathbf{0}\}$

演習問題解答例 175

$\mathrm{Im}\,f$ の基底： $\left\{ \begin{pmatrix} 1 \\ -1 \\ 3 \end{pmatrix}, \begin{pmatrix} 0 \\ 1 \\ -2 \end{pmatrix}, \begin{pmatrix} 0 \\ 0 \\ 1 \end{pmatrix} \right\}$ あるいは $\left\{ \begin{pmatrix} 1 \\ 0 \\ 0 \end{pmatrix}, \begin{pmatrix} 0 \\ 1 \\ 0 \end{pmatrix}, \begin{pmatrix} 0 \\ 0 \\ 1 \end{pmatrix} \right\}$

$\mathrm{Ker}\,f$ の基底： なし，　$\mathrm{Im}\,f$ の次元： 3,　　$\mathrm{Ker}\,f$ の次元： 0

(3)　$\mathrm{Im}\,f = \left\langle \begin{pmatrix} 1 \\ 2 \\ 6 \end{pmatrix}, \begin{pmatrix} 2 \\ 4 \\ 12 \end{pmatrix}, \begin{pmatrix} 0 \\ 1 \\ 3 \end{pmatrix} \right\rangle = \left\langle \begin{pmatrix} 1 \\ 2 \\ 6 \end{pmatrix}, \begin{pmatrix} 0 \\ 1 \\ 3 \end{pmatrix} \right\rangle$

$\mathrm{Ker}\,f = \left\langle \begin{pmatrix} -2 \\ 1 \\ 0 \end{pmatrix} \right\rangle$,　$\mathrm{Im}\,f$ の基底： $\left\{ \begin{pmatrix} 1 \\ 2 \\ 6 \end{pmatrix}, \begin{pmatrix} 0 \\ 1 \\ 3 \end{pmatrix} \right\}$ あるいは $\left\{ \begin{pmatrix} 1 \\ 0 \\ 0 \end{pmatrix}, \begin{pmatrix} 0 \\ 1 \\ 3 \end{pmatrix} \right\}$,

$\mathrm{Ker}\,f$ の基底： $\left\{ \begin{pmatrix} -2 \\ 1 \\ 0 \end{pmatrix} \right\}$,　　$\mathrm{Im}\,f$ の次元： 2,　　$\mathrm{Ker}\,f$ の次元： 1

(4)　$\mathrm{Im}\,f = \left\langle \begin{pmatrix} 1 \\ -2 \\ 3 \end{pmatrix}, \begin{pmatrix} -1 \\ 1 \\ -5 \end{pmatrix}, \begin{pmatrix} 2 \\ 1 \\ 16 \end{pmatrix}, \begin{pmatrix} -3 \\ -4 \\ -29 \end{pmatrix} \right\rangle$

$\mathrm{Ker}\,f = \left\langle \begin{pmatrix} -7 \\ -10 \\ 0 \\ 1 \end{pmatrix}, \begin{pmatrix} 3 \\ 5 \\ 1 \\ 0 \end{pmatrix} \right\rangle$,　$\mathrm{Im}\,f$ の基底： $\left\{ \begin{pmatrix} 1 \\ -2 \\ 3 \end{pmatrix}, \begin{pmatrix} 0 \\ 1 \\ 2 \end{pmatrix} \right\}$ あるいは

$\left\{ \begin{pmatrix} -1 \\ 0 \\ 13 \end{pmatrix}, \begin{pmatrix} 0 \\ -1 \\ 8 \end{pmatrix} \right\}$,　$\mathrm{Ker}\,f$ の基底： $\left\{ \begin{pmatrix} -7 \\ -10 \\ 0 \\ 1 \end{pmatrix}, \begin{pmatrix} 3 \\ 5 \\ 1 \\ 0 \end{pmatrix} \right\}$

$\mathrm{Im}\,f$ の次元： 2,　$\mathrm{Ker}\,f$ の次元： 2

3.2 (1) $\begin{pmatrix} 16 & -13 & 2 \\ -22 & 19 & -3 \\ 7 & -6 & 1 \end{pmatrix}$　(2) $\begin{pmatrix} 4/3 & -1/3 & 0 \\ 0 & -1/2 & 1/2 \\ -1/3 & 1/3 & 0 \end{pmatrix}$

(3) $\begin{pmatrix} 2 & 1 & 0 & -1 \\ -1 & 7/2 & 3/2 & -1/2 \\ -1 & -1/2 & 1/2 & 1/2 \\ 1 & -1 & -1 & 0 \end{pmatrix}$

3.3 C を $\ell \times m$ 行列で，$\ell < m$ となっているとする．

(1) $GC = I_m$ となる $m \times \ell$ 行列 G が存在する場合，G を C の左逆行列という．$\ell < m$ となっている場合，C は左逆行列をもち得ないことを証明しなさい．

C は $\ell \times m$ 行列で，$\ell < m$ であるから，$\operatorname{rank} C \leq \ell$ である．もし，C が左逆行列をもてば，
$$m = \operatorname{rank} I_m = \operatorname{rank}(GC) \leq \operatorname{rank} C \leq \ell$$
となり，仮定 $\ell < m$ に反する．

(2) $CF = I_\ell$ となる $m \times \ell$ 行列 F が存在する場合，F を右逆行列という．$\ell = 2, m = 3$ のとき，右逆行列をもつ C の具体例を1つ挙げなさい．また，その C に対する右逆行列の例も挙げなさい．

$$C = \begin{pmatrix} 1 & 0 & 0 \\ 0 & 1 & 0 \end{pmatrix} \text{の右逆行列は } F = \begin{pmatrix} 1 & 0 \\ 0 & 1 \\ a & b \end{pmatrix} \quad (a, b \text{ は任意のスカラー})$$

(3) $\ell < m$ となっている場合，もし，C が右逆行列をもてば，$\operatorname{rank} C = \ell$ であることを証明しなさい．

C が右逆行列をもてば，
$$\ell = \operatorname{rank} I_\ell = \operatorname{rank}(CF) \leq \operatorname{rank} C \leq \ell$$
により，$\operatorname{rank} C = \ell$ である．

(4) $\ell < m$ となっている場合，もし，C が右逆行列をもてば，右逆行列は必ず複数あることを証明しなさい．

(3) が成り立っているから，基本変形による標準形の理論により，ℓ 次正方正則行列 M と m 次正方正則行列 N があって
$$MCN = \begin{pmatrix} I_\ell, & O_{\ell \times (m-\ell)} \end{pmatrix}$$
となる．上の式の右辺を D と書こう．D は
$$H = \begin{pmatrix} I_\ell \\ K \end{pmatrix} \quad (K \text{ は任意の } (m-l) \times \ell \text{ 行列})$$
という複数の右逆行列をもつ．

さて，$C = M^{-1} D N^{-1}$ と書ける．したがって，NHM は
$$C(NHM) = (M^{-1} D N^{-1})(NHM) = M^{-1} DHM = M^{-1} I_\ell M = I_\ell$$

ゆえ, C の右逆行列である. 2つの $(m-l)\times\ell$ 行列 K_1 と K_2 に対して, $N\begin{pmatrix}I_\ell\\K_1\end{pmatrix}M = N\begin{pmatrix}I_\ell\\K_2\end{pmatrix}M$ ならば, 左から N^{-1}, 右から M^{-1} を掛けると $\begin{pmatrix}I_\ell\\K_1\end{pmatrix} = \begin{pmatrix}I_\ell\\K_2\end{pmatrix}$ がわかる. 対偶をとれば, $\begin{pmatrix}I_\ell\\K_1\end{pmatrix} \neq \begin{pmatrix}I_\ell\\K_2\end{pmatrix}$ ならば $N\begin{pmatrix}I_\ell\\K_1\end{pmatrix}M \neq N\begin{pmatrix}I_\ell\\K_2\end{pmatrix}M$ である. すなわち, C は複数の右逆行列をもつ.

第 4 章

4.1

(1)　(2,1) 余因子 2　　(2,2) 余因子 7　　(2,3) 余因子 -1　　(2,4) 余因子 -2
行列式 2

(2)　(2,1) 余因子 -21　　(2,2) 余因子 9　　(2,3) 余因子 3　　(2,4) 余因子 8
行列式 -1

(3)　(2,1) 余因子 0　　(2,2) 余因子 0　　(2,3) 余因子 0　　(2,4) 余因子 0
行列式 0

4.2

$$\begin{vmatrix} 1 & 1 & \cdots & 1 \\ a_1 & a_2 & \cdots & a_\ell \\ a_1^2 & a_2^2 & \cdots & a_\ell^2 \\ \vdots & \vdots & \vdots & \vdots \\ a_1^{\ell-1} & a_2^{\ell-1} & \cdots & a_\ell^{\ell-1} \end{vmatrix} = \prod_{1\leq i<j\leq \ell}(a_j - a_i)$$

を ℓ に関する数学的帰納法で示す.

1)　$\ell = 2$ の場合

$$\begin{vmatrix} 1 & 1 \\ a_1 & a_2 \end{vmatrix} = a_2 - a_1$$

であるから, $\ell = 2$ のとき上の等式が成り立つ.

2)　$\ell \leq m-1$ まで上の等式が成り立つと仮定して $\ell = m$ の場合を示す.

$$\begin{vmatrix} 1 & 1 & \cdots & 1 & 1 \\ a_1 & a_2 & \cdots & a_{m-1} & a_m \\ a_1^2 & a_2^2 & \cdots & a_{m-1}^2 & a_m^2 \\ \vdots & \vdots & \vdots & \vdots & \vdots \\ a_1^{m-1} & a_2^{m-1} & \cdots & a_{m-1}^{m-1} & a_m^{m-1} \end{vmatrix}$$

j 列から m 列を引く $(1 \leq j \leq m-1)$

$$= \begin{vmatrix} 0 & 0 & \cdots & 0 & 1 \\ a_1 - a_m & a_2 - a_m & \cdots & a_{m-1} - a_m & a_m \\ a_1^2 - a_m^2 & a_2^2 - a_m^2 & \cdots & a_{m-1}^2 - a_m^2 & a_m^2 \\ \vdots & \vdots & \vdots & \vdots & \vdots \\ a_1^{m-1} - a_m^{m-1} & a_2^{m-1} - a_m^{m-1} & \cdots & a_{m-1}^{m-1} - a_m^{m-1} & a_m^{m-1} \end{vmatrix}$$

各 j 列から $a_j - a_m$ を括り出す $(1 \leq j \leq m-1)$

$$= \prod_{i=1}^{m-1}(a_i - a_m) \cdot \begin{vmatrix} 0 & 0 & \cdots & 0 & 1 \\ 1 & 1 & \cdots & 1 & a_m \\ a_1 + a_m & a_2 + a_m & \cdots & a_{m-1} + a_m & a_m^2 \\ \vdots & \vdots & \vdots & \vdots & \vdots \\ \sum_{i=0}^{m-2} a_1^{m-2-i} a_m^i & \sum_{i=0}^{m-2} a_2^{m-2-i} a_m^i & \cdots & \sum_{i=0}^{m-2} a_{m-1}^{m-2-i} a_m^i & a_m^{m-1} \end{vmatrix}$$

1 行に関して余因子展開

$$= (-1)^{1+m} \cdot 1 \cdot \prod_{i=1}^{m-1}(a_i - a_m) \cdot \begin{vmatrix} 1 & 1 & \cdots & 1 \\ a_1 + a_m & a_2 + a_m & \cdots & a_{m-1} + a_m \\ \vdots & \vdots & \vdots & \vdots \\ \sum_{i=0}^{m-2} a_1^{m-2-i} a_m^i & \sum_{i=0}^{m-2} a_2^{m-2-i} a_m^i & \cdots & \sum_{i=0}^{m-2} a_{m-1}^{m-2-i} a_m^i \end{vmatrix}$$

m 行 $-(m-1)$ 行 $\times a_m$, $(m-1)$ 行 $-(m-2)$ 行 $\times a_m$, ..., 2 行 -1 行 $\times a_m$

$$= \prod_{i=1}^{m-1}(a_m - a_i) \begin{vmatrix} 1 & 1 & \cdots & 1 \\ a_1 & a_2 & \cdots & a_{m-1} \\ \vdots & \vdots & \vdots & \vdots \\ a_1^{m-2} & a_2^{m-2} & \cdots & a_{m-1}^{m-2} \end{vmatrix}$$

帰納法の仮定により

$$= \prod_{i=1}^{m-1}(a_m - a_i) \prod_{1 \leq i < j \leq m-1}(a_j - a_i) = \prod_{1 \leq i < j \leq m}(a_j - a_i)$$

となる. よって, $\ell = m$ の場合も上の等式が成り立つ.

以上より，上の等式は 2 以上の自然数 ℓ について成り立つ．

別解
　与えられた行列式は関係式 (4.1.5) により，$\{a_j\}_{j=1}^{\ell}$ の $0+1+\cdots+\ell-1 = \frac{\ell(\ell-1)}{2}$ 次斉次多項式である．一方，$a_j = a_i\ (i \neq j)$ のとき 0 となるから，a_j の多項式と見ると因数定理により，$\prod_{1 \leq i < j}(a_j - a_i)$ で割り切れる $(1 \leq j \leq \ell)$．以上により，$\frac{\ell(\ell-1)}{2}$ 次の多項式 $\prod_{1 \leq i < j \leq m}(a_j - a_i)$ で割り切れることがわかるから，たとえば $a_m^{m-1} a_{m-1}^{m-2} \cdots a_2$ の係数を比較して定数因子を調節すれば上の行列式が得られる．さて，その係数は明らかに行列の対角成分の積からのみ生ずるから，再び関係式 (4.1.5) と $\mathrm{sgn}(id) = 1$ より定数因子は 1 である．以上より，上の等式が示された．

第 5 章

5.1　(1) 線形独立　　(2) 線形従属　　(3) 線形独立　　(4) 線形独立

5.2　(1)　$f(t) = a_2 t^2 + a_1 t + a_0$ とする．
$$F(f)(t) = \left[\frac{1}{3}a_2 s^3 + \frac{1}{2}a_1 s^2 + a_0 s\right]_0^1 = \frac{1}{3}a_2 + \frac{1}{2}a_1 + a_0$$
である．
(i) $\mathrm{Im}\, F = \{\frac{1}{3}a_2 + \frac{1}{2}a_1 + a_0 : a_2, a_1, a_0 \in \mathbf{R}\} = \langle 1 \rangle$ である．
(ii) $\{1\}$ が $\mathrm{Im}\, F$ の基底である．
(iii) $\frac{1}{3}a_2 + \frac{1}{2}a_1 + a_0 = 0$ が成り立つための条件は $a_0 = -\frac{1}{3}a_2 - \frac{1}{2}a_1$ だから，$a_2 t^2 + a_1 t - \frac{1}{3}a_2 - \frac{1}{2}a_1 = \frac{1}{3}a_2(3t^2 - 1) + \frac{1}{2}a_1(2t - 1)$ である．よって，$\mathrm{Ker}\, F = \{\frac{1}{3}a_2(3t^2 - 1) + \frac{1}{2}a_1(2t - 1) : a_2, a_1 \in \mathbf{R}\} = \langle 3t^2 - 1, 2t - 1 \rangle$．
(iv) $\{3t^2 - 1, 2t - 1\}$ を $\mathrm{Ker}\, F$ の基底にとれる．
(v) X に基底 $\{t^2, t, 1\}$，Y に基底 $\{t^3, t^2, t, 1\}$ をとる．$F(t^2) = \frac{1}{3}\ (a_2 = 1, a_1 = a_0 = 0)$, $F(t) = \frac{1}{2}\ (a_2 = a_0 = 0, a_1 = 1)$, $F(1) = 1\ (a_2 = a_1 = 0, a_0 = 1)$ だから，表現行列を A とすると
$$A = \begin{pmatrix} 0 & 0 & 0 \\ 0 & 0 & 0 \\ 0 & 0 & 0 \\ 1/3 & 1/2 & 1 \end{pmatrix}$$

(2)　$f(t) = a_2 t^2 + a_1 t + a_0$ とする．

$$F(f)(t) = \frac{1}{t}\left[\frac{1}{3}a_2 s^3 + \frac{1}{2}a_1 s^2 + a_0 s\right]_0^t - (2a_2 t + a_1)$$
$$= \frac{1}{3}a_2 t^2 + (\frac{1}{2}a_1 - 2a_2)t + (a_0 - a_1)$$
$$= \frac{1}{3}a_2(t^2 - 6t) + \frac{1}{2}a_1(t-2) + a_0$$

である．

(i) a_2, a_1, a_0 を自由に選べるから，$\operatorname{Im} F = \{\frac{1}{3}a_2(t^2-6t)+\frac{1}{2}a_1(t-2)+a_0 : a_2, a_1, a_0 \in \mathbf{R}\} = \langle t^2 - 6t, t-2, 1\rangle \ (=\langle t^2, t, 1\rangle)$ である．

(ii) $\{t^2 - 6t, t-2, 1\}$ を $\operatorname{Im} F$ の基底にとれる．（$\{t^2, t, 1\}$ でもよい．）

(iii) $\frac{1}{3}a_2 t^2 + (\frac{1}{2}a_1 - 2a_2)t + (a_0 - a_1) = 0$ が恒等的に成り立つための条件は $a_2 = 0, \frac{1}{2}a_1 - 2a_2 = 0, a_0 - a_1 = 0$，すなわち，$a_2 = a_1 = a_0 = 0$ である．よって，$\operatorname{Ker} F = \{0\}$ である．

(iv) $\operatorname{Ker} F$ が 0 次元だから，基底はない．

(v) X に基底 $\{t^2, t, 1\}$, Y に基底 $\{t^3, t^2, t, 1\}$ をとる．$F(t^2) = \frac{1}{3}t^2 - 2t$ ($a_2 = 1, a_1 = a_0 = 0$), $F(t) = \frac{1}{2}t - 1$ ($a_2 = a_0 = 0, a_1 = 1$), $F(1) = 1$ ($a_2 = a_1 = 0, a_0 = 1$) だから，表現行列を A とすると

$$A = \begin{pmatrix} 0 & 0 & 0 \\ 1/3 & 0 & 0 \\ -2 & 1/2 & 0 \\ 0 & -1 & 1 \end{pmatrix}$$

✐ 線形写像に関する次元定理により，$\dim \operatorname{Im} F + \dim \operatorname{Ker} F = \dim X$ である．基底を構成するベクトルの数がその空間の次元に等しいから，(ii), (iv) がこの等式に照らして矛盾していると，どこか間違えたことがわかる．理論を知っていると，自分の進めている推論に間違いが含まれていないかのチェックができて，間違いを早期に発見できる．

第6章

6.1

(1) $\begin{pmatrix} 1 & 2 & 0 \\ 0 & 1 & 2 \\ 1 & 2 & 0 \end{pmatrix}$

固有値：$-1, 0, 3$

固有値 -1 に属する線形独立な固有ベクトル $\begin{pmatrix} -1 \\ 1 \\ -1 \end{pmatrix}$

固有値 0 に属する線形独立な固有ベクトル $\begin{pmatrix} 4 \\ -2 \\ 1 \end{pmatrix}$

固有値 3 に属する線形独立な固有ベクトル $\begin{pmatrix} 1 \\ 1 \\ 1 \end{pmatrix}$

線形独立な固有ベクトルが（行列のサイズである）3つとれるから対角化可能.

対角化行列：$\begin{pmatrix} -1 & 4 & 1 \\ 1 & -2 & 1 \\ -1 & 1 & 1 \end{pmatrix}$

(2) $\begin{pmatrix} 1 & 0 & -1 \\ 2 & -1 & 0 \\ -4 & 0 & 1 \end{pmatrix}$

固有値：-1（2重根），3（単根）

固有値 -1 に属する線形独立な固有ベクトル $\begin{pmatrix} 0 \\ 1 \\ 0 \end{pmatrix}$

固有値 3 に属する線形独立な固有ベクトル $\begin{pmatrix} 2 \\ 1 \\ -4 \end{pmatrix}$

線形独立な固有ベクトルが2つしかとれず，（行列のサイズである）3つ揃えられない．よって，対角化不可能.

6.2

(i) $A = \begin{pmatrix} 4 & -2 & 1 \\ -2 & 0 & 0 \\ 1 & 0 & 0 \end{pmatrix}$

(1)　固有値：　$-1, 0, 5$

(2)　-1 に属する線形独立な固有ベクトル：$\begin{pmatrix} -1 \\ -2 \\ 1 \end{pmatrix}$

0 に属する線形独立な固有ベクトル：$\begin{pmatrix} 0 \\ 1 \\ 2 \end{pmatrix}$

5 に属する線形独立な固有ベクトル：$\begin{pmatrix} 5 \\ -2 \\ 1 \end{pmatrix}$

(3)　$T = \begin{pmatrix} -1/\sqrt{6} & 0 & 5/\sqrt{30} \\ -2/\sqrt{6} & 1/\sqrt{5} & -2/\sqrt{30} \\ 1/\sqrt{6} & 2/\sqrt{5} & 1/\sqrt{30} \end{pmatrix}$　　(4)　$T^{-1}AT = \begin{pmatrix} -1 & 0 & 0 \\ 0 & 0 & 0 \\ 0 & 0 & 5 \end{pmatrix}$

(5)　$T^{-1} = {}^t T = \begin{pmatrix} -1/\sqrt{6} & -2/\sqrt{6} & 1/\sqrt{6} \\ 0 & 1/\sqrt{5} & 2/\sqrt{5} \\ 5/\sqrt{30} & -2/\sqrt{30} & 1/\sqrt{30} \end{pmatrix}$

(ii) $B = \begin{pmatrix} 1 & 1 & 1 \\ 1 & 1 & 1 \\ 1 & 1 & 1 \end{pmatrix}$

(1)　固有値：　0 (2 重根), 3 (単根)

(2)　0 に属する線形独立な固有ベクトル：$\begin{pmatrix} -1 \\ 1 \\ 0 \end{pmatrix}, \begin{pmatrix} -1 \\ 0 \\ 1 \end{pmatrix}$

3 に属する線形独立な固有ベクトル：$\begin{pmatrix} 1 \\ 1 \\ 1 \end{pmatrix}$

(3)　(2) で求めた 2 重の固有値 0 の 2 つの線形独立な固有ベクトルは直交していない．正規直交化する必要がある．

$\begin{pmatrix} -1 \\ 1 \\ 0 \end{pmatrix}$ を正規化すると $\begin{pmatrix} -1/\sqrt{2} \\ 1/\sqrt{2} \\ 0 \end{pmatrix}$ となる．$\begin{pmatrix} -1 \\ 0 \\ 1 \end{pmatrix}$ から上記の正規化したベクトル

成分を除く.

$$(\begin{pmatrix}-1\\0\\1\end{pmatrix},\begin{pmatrix}-1/\sqrt{2}\\1/\sqrt{2}\\0\end{pmatrix})=\frac{1}{\sqrt{2}} \quad \text{だから} \quad \begin{pmatrix}-1\\0\\1\end{pmatrix}-\frac{1}{\sqrt{2}}\begin{pmatrix}-1/\sqrt{2}\\1/\sqrt{2}\\0\end{pmatrix}=\begin{pmatrix}-1/2\\-1/2\\1\end{pmatrix}$$

となる.これを正規化すると $\begin{pmatrix}-1/\sqrt{6}\\-1/\sqrt{6}\\2/\sqrt{6}\end{pmatrix}$ となり,0 に属する 2 つの線形独立な固有ベクトルが正規直交化された.これらと正規化された 3 の固有ベクトルを並べて T を作る.

$$T=\begin{pmatrix}-1/\sqrt{2} & -1/\sqrt{6} & 1/\sqrt{3}\\1/\sqrt{2} & -1/\sqrt{6} & 1/\sqrt{3}\\0 & 2/\sqrt{6} & 1/\sqrt{3}\end{pmatrix}$$

(4) $T^{-1}AT=\begin{pmatrix}0 & 0 & 0\\0 & 0 & 0\\0 & 0 & 3\end{pmatrix}$ 　　(5) $T^{-1}={}^{t}T=\begin{pmatrix}-1/\sqrt{2} & 1/\sqrt{2} & 0\\-1/\sqrt{6} & -1/\sqrt{6} & 2/\sqrt{6}\\1/\sqrt{3} & 1/\sqrt{3} & 1/\sqrt{3}\end{pmatrix}$

6.3 定理 6.2.1 により,ℓ 次正則行列 L,m 次正則行列 M により,

$L^{-1}AL=S=\mathrm{diag}(S_1,S_2,\ldots,S_p)$ 　　(S_i は上半三角行列で対角成分は λ_i)

$M^{-1}BM=T=\mathrm{diag}(T_1,T_2,\ldots,T_q)$ 　　(T_j は**下半三角行列**で対角成分は μ_j)

となる.(T を下半三角行列にとっておくことが工夫である.) したがって,方程式

$$AX-XB=C \tag{1}$$

に左から L^{-1} を,右から M を掛けて $G=L^{-1}CM$,$Y=L^{-1}XM$ とおくと

$$SY-YT=G \tag{2}$$

となる.この Y がただ 1 つ求まることを示せばよい.

$Y=(\boldsymbol{y}_1,\boldsymbol{y}_2,\ldots,\boldsymbol{y}_m)$ と列ベクトル表示し,また,$T=(t_{ij})_{1\le i,j\le m}$ と成分表示しておくと,

$$SY=(S\boldsymbol{y}_1,S\boldsymbol{y}_2,\ldots,S\boldsymbol{y}_m)$$
$$YT=(\sum_{i=1}^{m}t_{i1}\boldsymbol{y}_i,\sum_{i=1}^{m}t_{i2}\boldsymbol{y}_i,\ldots,\sum_{i=1}^{m}t_{im}\boldsymbol{y}_i)$$

であるから,G も $G=(\boldsymbol{g}_1,\boldsymbol{g}_2,\ldots,\boldsymbol{g}_m)$ と表示しておいて,$\ell\cdot m$ 次ベクトル $\mathbb{G}$ と $\mathbb{Y}$ を

$$\mathbb{G} = \begin{pmatrix} \boldsymbol{g}_1 \\ \boldsymbol{g}_2 \\ \vdots \\ \boldsymbol{g}_m \end{pmatrix}, \qquad \mathbb{Y} = \begin{pmatrix} \boldsymbol{y}_1 \\ \boldsymbol{y}_2 \\ \vdots \\ \boldsymbol{y}_m \end{pmatrix}$$

で定義すると，方程式 (2) は

$$\left(\mathrm{diag}(S, S, \ldots, S) - \left(t_{ji} I_\ell \right)_{1 \le i \le m \to,\, 1 \le j \le m \downarrow} \right) \mathbb{Y} = \mathbb{G} \qquad (3)$$

となる．ここで，S も ${}^t T$ も上半三角行列で，S の対角成分は $\{\lambda_i\}_{1 \le i \le p}$ からなり T の対角成分は $\{\mu_j\}_{1 \le j \le q}$ からなるから，方程式 (3) の係数行列は上半三角で対角成分はすべて 0 でない．すなわち，この係数行列の行列式が 0 でないから，方程式 (3) は任意の $\mathbb{G}$ に対して唯一の解をもつ．これより，方程式 (2) が任意の G について，したがって，方程式 (1) が任意の C についてただ 1 つの解をもつ．

索　引

[ア行]

一意性 (uniqueness)　23, 58
一次結合 (linear combination)　30
一次従属 (linearly dependent)　31
一次独立 (linearly independent)　31
一般化された固有空間 (generalized eigenspace)　124

ヴァンデルモンド行列式 (Vandermonde determinant)　105
ヴェン図 (Venn diagram)　2
裏 (obverse)　4

m 次元数ベクトル空間 (m-dimensional number vector space)　27
エルミート行列 (Hermitian matrix)　138

[カ行]

階数 (rank)　56
外積 (exterior product)　164
階段行列 (step-formed matrix)　11
ガウス–ジョルダンの消去法 (Gauss–Jordan's elimination method)　6
可解性 (solvability)　23, 58
可逆行列 (invertible matrix)　61

核 (kernel)　53
カーネル (kernel)　53
下半三角行列 (lower triangular matrix)　12

奇置換 (odd permutation)　89
基底 (basis)　40
基本系 (fundamental system)　104
基本変形（行に関する）(elementary transformation on row)　9
基本変形（列に関する）(elementary transformation on column)　41
基本変形による標準形 (normal form by elementary transformation)　67
逆 (converse)　4
逆行列 (inverse matrix)　61
逆写像 (inverse map)　51
逆像 (inverse image)　51
逆置換 (inverse permutation)　87
行 (row)　8
共通部分 (intersection)　2
行ベクトル (row vector)　8, 24
共役行列 (adjoint matrix)　138
行列 (matrix)　8
行列式 (determinant)　76, 77
行列の指数関数 (exponential function of

matrix) 104
行列の積 (product of matrices) 59
行列表示 (matrix representation) 111

空集合 (empty set) 2
偶置換 (even permutation) 89
グラディエント (gradient) 165
クラメールの公式 (Cramer's formula) 98

元 (element) 2
原像（元の）(preimage) 50
原像空間 (inverse image space) 51

後退消去 (backward elimination) 10
恒等置換 (identity permutation) 86
互換 (transposition) 87
固有空間 (eigenspace) 124
固有多項式 (eigenpolynomial) 119
固有値 (eigenvalue, characteristic value) 118
固有ベクトル (eigenvector, characteristic vector) 118
根 (root) 117

[サ行]
最小多項式 (minimal polynomial) 127
差集合 (difference set) 2
サラスの公式 (Sarrus' formula) 92
三角行列 (triangular matrix) 12

次元 (dimension) 24, 42
次元定理（線形写像に関する）(dimension theorem on linear map) 72
次元定理（ベクトル空間に関する）(dimension theorem on vector space) 46
自明な (trivial) 11
自明な場合 (trivial case) 31
射影 (projection) 151

写像 (map) 50
集合 (set) 1
シュミットの正規直交化 (Schmidt's orthonormalization) 137
小行列式 (minor) 98
上半三角行列 (upper triangular matrix) 12
ジョルダンチェイン (Jordan chain) 149
ジョルダンの標準形 (Jordan normal form) 150
ジョルダンブロック (Jordan block) 150
真 (true) 3

随伴行列 (adjoint matrix) 138
数ベクトル (number vector) 24
スカラー (scalar) 26
スカラー倍 (scalar multiplication) 27

正規化 (normalization) 137
正規行列 (normal matrix) 138
正規直交基 (orthonormal basis) 137
正規直交系 (orthonormal system) 137
生成される (generated by D) 38
正則行列 (regular matrix) 61
成分 (element) 2
成分 (element, entry) 8
正方行列 (square matrix) 8
ゼロベクトル (zero vector) 27
線形空間 (linear space) 27
線形結合 (linear combination) 30
線形結合の原理 (principle of linear combination) 30
線形写像 (linear map) 23, 32, 53
線形従属 (linearly dependent) 31
線形独立 (linearly independent) 31
全射 (surjection, onto-map) 51
前進消去 (forward elimination) 10
全体集合 (universal set) 1
全単射 (bijection) 51

像（元の）(image (of an element)) 50
像（写像の）(image of f) 51
像空間 (image space) 51
相似変換 (similar transformation) 117
属する (belong) 2

[タ行]
体 (field) 26
対角化可能 (diagonalizable) 118
対角行列 (diagonal matrix) 12
対角成分 (diagonal element) 11
対偶 (contraposition) 4
対称行列 (symmetric matrix) 138
代数的多重度 (algebraic multiplicity) 120
ダイバージェンス (divergence) 165
多重線形性 (multi-linearity) 80, 81
縦ベクトル (column vector) 24
単位行列 (identity matrix) 11, 60
単射 (injection) 51

置換 (permutation) 86
直和 (direct sum) 47, 151
直交行列 (orthogonal matrix) 138
直交する (intersect orthogonally) 137

転置 (transposed) 26
転置行列 (transposed matrix) 62
転倒数 (inversion number) 87

同型 (isomorphic) 53
同型写像 (isomorphism) 53
特性多項式 (characteristic polynomial) 119
閉じている (closed) 34
トレース (trace) 102

[ナ行]
内積 (inner product) 136
ナブラ (nabla) 165

ノルム (norm) 136

[ハ行]
張られる (spaned by D) 38
反例 (counterexample) 4

左逆行列 (left inverse matrix) 61
ピボット (pivot) 10
表現行列 (matrix representation) 111
標準基底 (canonical basis) 40

不可能な (inconsistent) 13
含む (include) 2
符号 (sygnature) 89
部分空間 (subspace) 34
部分集合 (subset) 2
分離三角化 (splitting triangularization) 121

ベクトル空間（一般の）(vector space) 106
ベクトル空間の和 (sum of vector spaces) 47
ベクトルの和 (vector sum) 27

補集合 (complement) 2

[マ行]
右逆行列 (right inverse matrix) 61

[ヤ行]
ユークリッド空間 (Euclidian space) 162
ユニタリ行列 (unitary matrix) 138

余因子 (cofactor) 93
余因子展開 (cofactor expansion) 93
横ベクトル (row vector) 24

[ラ行]
ラプラスの展開定理 (Laplace expansion

theorem) 96
ランク (rank) 56

列 (column) 8
列ベクトル (column vector) 8, 24

ローテイション (rotation) 166
ロンスキアン (Wronskian) 102

[ワ行]
和集合 (union) 2

〈著者紹介〉

松本和一郎（まつもと　わいちろう）
1973年　京都大学大学院理学研究科修士課程修了
現　在　龍谷大学理工学部数理情報学科教授
　　　　理学博士

線形代数入門
── 理論と計算法 徹底ガイド ──
*Introduction to linear algebra,
radical guide to the theory and the calculation*

2007 年 11 月 25 日　初版 1 刷発行
2015 年 2 月 25 日　初版 5 刷発行

検印廃止
NDC 411.3
ISBN 978-4-320-01852-5

著　者　松本和一郎 ©2007
発行者　南條光章
発行所　共立出版株式会社
　　　　郵便番号 112-0006
　　　　東京都文京区小日向 4 丁目 6 番 19 号
　　　　電話 (03) 3947-2511（代表）
　　　　振替口座 00110-2-57035 番
　　　　URL http://www.kyoritsu-pub.co.jp/

印　刷　加藤文明社
製　本　協栄製本

一般社団法人
自然科学書協会
会員

Printed in Japan

JCOPY ＜(社)出版者著作権管理機構委託出版物＞
本書の無断複写は著作権法上での例外を除き禁じられています．複写される場合は，そのつど事前に，(社)出版者著作権管理機構（電話 03-3513-6969，FAX 03-3513-6979，e-mail: info@jcopy.or.jp）の許諾を得てください．

◆ 色彩効果の図解と本文の簡潔な解説により数学の諸概念を一目瞭然化！

ドイツ Deutscher Taschenbuch Verlag 社の『dtv-Atlas事典シリーズ』は，見開き２ページで１つのテーマが完結するように構成されている。右ページに本文の簡潔で分り易い解説を記載し，かつ左ページにそのテーマの中心的な話題を図像化して表現し，本文と図解の相乗効果で理解をより深められるように工夫されている。これは，他の類書には見られない『dtv-Atlas 事典シリーズ』に共通する最大の特徴と言える。本書は，このシリーズの『dtv-Atlas Mathematik』と『dtv-Atlas Schulmathematik』の日本語翻訳版。

カラー図解 数学事典

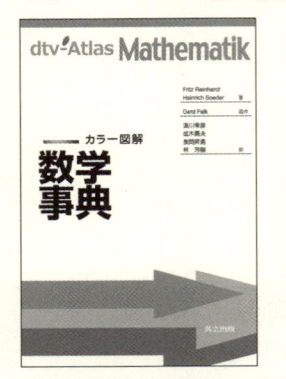

Fritz Reinhardt・Heinrich Soeder [著]
Gerd Falk [図作]
浪川幸彦・成木勇夫・長岡昇勇・林 芳樹 [訳]

数学の最も重要な分野の諸概念を網羅的に収録し，その概観を分り易く提供。数学を理解するためには，繰り返し熟考し，計算し，図を書く必要があるが，本書のカラー図解ページはその助けとなる。

【主要目次】 まえがき／記号の索引／序章／数理論理学／集合論／関係と構造／数系の構成／代数学／数論／幾何学／解析幾何学／位相空間論／代数的位相幾何学／グラフ理論／実解析学の基礎／微分法／積分法／関数解析学／微分方程式論／微分幾何学／複素関数論／組合せ論／確率論と統計学／線形計画法／参考文献／索引／著者紹介／訳者あとがき／訳者紹介

■菊判・ソフト上製本・508頁・定価（本体5,500円＋税）■

カラー図解 学校数学事典

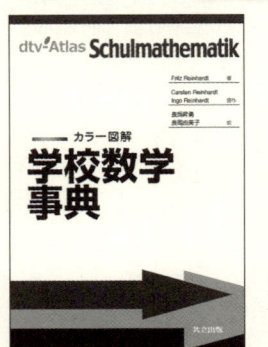

Fritz Reinhardt [著]
Carsten Reinhardt・Ingo Reinhardt [図作]
長岡昇勇・長岡由美子 [訳]

『カラー図解 数学事典』の姉妹編として，日本の中学・高校・大学初年級に相当するドイツ・ギムナジウム第５学年から13学年で学ぶ学校数学の基礎概念を１冊に編纂。定義は青で印刷し，定理や重要な結果は緑色で網掛けし，幾何学では彩色がより効果を上げている。

【主要目次】 まえがき／記号一覧／図表頁凡例／短縮形一覧／学校数学の単元分野／集合論の表現／数集合／方程式と不等式／対応と関数／極限値概念／微分計算と積分計算／平面幾何学／空間幾何学／解析幾何学とベクトル計算／推測統計学／論理学／公式集／参考文献／索引／著者紹介／訳者あとがき／訳者紹介

■菊判・ソフト上製本・296頁・定価（本体4,000円＋税）■

http://www.kyoritsu-pub.co.jp/　共立出版　（価格は変更される場合がございます）